U0155778

中国起源地文化志

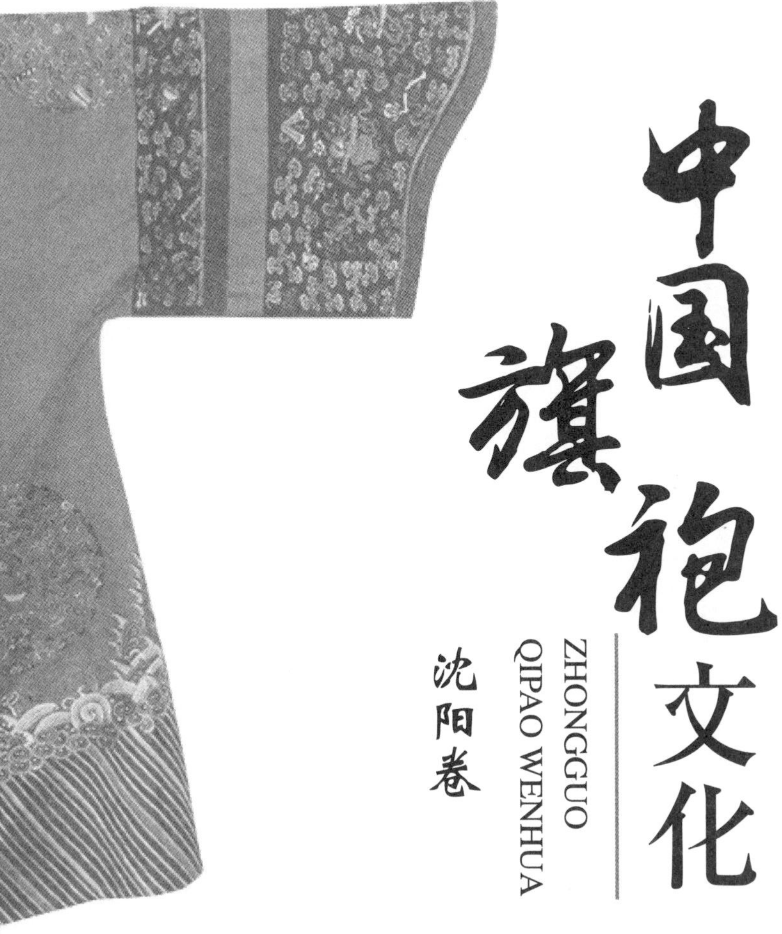

中国旗袍文化

ZHONGGUO QIPAO WENHUA

沈阳卷

知识产权出版社
全国百佳图书出版单位
—北京—

图书在版编目（CIP）数据

中国旗袍文化．沈阳卷 / 刘德伟，李竞生编著．—北京：知识产权出版社，2020.12
ISBN 978-7-5130-7288-5

Ⅰ.①中…　Ⅱ.①刘…②李…　Ⅲ.①旗袍—服饰文化—介绍—沈阳　Ⅳ.① TS941.717

中国版本图书馆 CIP 数据核字（2020）第 214645 号

责任编辑： 宋　云　王颖超　　**责任校对：** 谷　洋
文字编辑： 赵　昱　　**责任印制：** 刘译文

中国旗袍文化·沈阳卷

刘德伟　李竞生　编著

出版发行： 知识产权出版社有限责任公司	**网　　址：** http：//www.ipph.cn
社　　址： 北京市海淀区气象路 50 号院	**邮　　编：** 100081
责编电话： 010-82000860 转 8388	**责编邮箱：** songyun@cnipr.com
发行电话： 010-82000860 转 8101/8102	**发行传真：** 010-82000893/82005070/82000270
印　　刷： 三河市国英印务有限公司	**经　　销：** 各大网上书店、新华书店及相关专业书店
开　　本： 720mm × 1000mm　1/16	**印　　张：** 13.75
版　　次： 2020 年 12 月第 1 版	**印　　次：** 2020 年 12 月第 1 次印刷
字　　数： 150 千字	**定　　价：** 68.00 元

ISBN 978-7-5130-7288-5

《中国起源地文化志系列丛书》总编委会

《中国起源地文化志系列丛书》《中国旗袍文化·沈阳卷》编委会

主编简介

刘德伟，毕业于北京大学哲学系。现任中国文联民间文艺艺术中心副主任、编审，上海大学特聘教授。曾任《民间文化论坛》杂志社社长兼主编，中国民间文化遗产抢救保护中心主任，中国民间文艺家协会理事，中国文艺评论家协会理事，中国大众文化学会理事。近年主要承担非物质文化遗产抢救保护和理论研究、中国民协专业委员会建设管理、中国民间文化艺术之乡建设管理、民间文艺创作和培训、民间文艺志愿服务等工作。承担民间文化遗产抢救工程相关出版工作的选题策划、编辑审核、田野调查等工作。组织编撰《中国民间故事全书》《中国民间故事丛书》《中国民间文化艺术之乡丛书》《中国木版年画集成》《中国民间文化杰出传承人》《蓝印花布文化档案丛书》《中国历史文化名城·名镇·名村丛书》《中国传统村落立档调查图典》等。在相关报刊发表新闻作品、学术论文和田野调查报告多篇，著有个人文集《享受台风》。

李竞生，毕业于北京大学，现任中国民协中国起源地文化研究中心执行主任、中国西促会起源地文化发展研究工作委员会主任、起源地城市规划设计院院长，起源地文化传播中心主任，中国民间文艺家协会会员。兼任北京大学科技园创业导师，宁夏回族自治区中宁县人民政府、河北省宽城满族自治县人民政府、山西省长子县人民政府等文化产业顾问。入选2017年、2018年、2019年中国文化产业年度人物100名候选人名单。主要研究领域为起源地文化、文化创意、文化产业、文化旅游、知识产权、品牌策划、品牌管理等。主要作品有《中国起源地文化志系列丛书》《中国起源地名录》《蒙学十三经》《蒙学五经》《满族文化美食四十九道馔》等。

盛京之约（国伏　摄）

旗袍盛典（国伏　摄）

首届中国旗袍文化节 2019 中国定制旗袍艺术大赏（杜船　摄）

盛京之约（郝丹　摄）

盛京之约（郭洋　摄）

沟通世界　连接未来（雪峰　摄）

演出前的嘱托（盛芳芳　摄）

童趣（刘莉　摄）

旗装淑女履轻盈（张宝海　摄）

旗袍风景线（李德林　摄）

中华旗袍秀（王瑞忠　摄）

旗袍故里的花样童年（张家明　摄）

满秀（赵敬卫　摄）

别样风情（翟长安　摄）

皇城根下旗袍秀（张亚丹　摄）

尽显东方美（黄金昆　摄）

序一 欲流之远者，必浚其泉源

万事万物皆有源。

每一项历史存在的来龙去脉缘聚缘散，都不是简单的花落花开云去云来，而是蕴含着复杂的因果必然。

那个“我从哪里来?”的亘古命题，至今仍有诸多谜团有待破解。今天，人类总是在不断发现中不断接近自我的本来真相。研究起源文化正是要揭开一个个神秘的历史悬案的面纱。

源头起点蕴含着丰沛的源动力。从源头中汲取智慧的营养，把握事态的端倪和变化发展的轨迹，透彻地观照历史走向的规律，可以更好应对现实要求和社会变迁。

“往古者，所以知今也”，一个民族要敬仰自己的先贤，敬畏自己的历史，要记住和珍视自己从哪里来。不知道从哪里来，就不知道向哪里去，不了解自己的历史，就无法面向未来。

中国人素有认祖归宗的文化传统和追根溯源的民族特

质。这是我们这个古老民族的美德和智慧，也是中华文明几千年薪火相传文脉不断的根本缘由。

一片能够孕育出文明的土地，就像是一个有着鲜活生命的机体存在，自有其精神灵性的飞动，如同一个有着时间与空间的历史孵化器，成为这一地域人类文化的生命摇篮。

每个地域都会生长出自己的精神，从而造就出这里的人的独特个性气质，成为这里人的族群的生命之花朵的陈酿。

每当一种文化诞生后，都会带着一根隐形的剪不断的脐带，那就是与他生死相联的源自起源地特有的血缘基因，并会终生都鲜明地体现出文化的籍贯与烙印，以及永远都抹不掉的胎记，成为一条不竭的文化脉动。

所谓“以古为鉴，可以知兴替”，历史是过去的现实，起源是历史的发端，所有现实的飞舞，都是历史的化蝶。起源的活水在，历史就是活着的；历史是活着的，现实就仍会生发着勃勃生机。

“问渠那得清如许，为有源头活水来”，对于那些已然消逝的过去和模糊的曾经，无论是盛世荣光还是乱世哀鸣，都有着必然的历史规律，挖掘出掩埋在古老时光中的那些宝贵的成因以及经验和规律，以之馈赠给今天的人们，无疑有着重要的价值和意义。因此找到和知道源头尤为重要。

中国人历来以自己有悠久的历史和光辉的古代文明而感到自豪。但这个文明究竟是什么时候起源的，在世界文明史上又占有什么地位，以前我们很少深究。

对起源地文化的探究，会让一个民族寻回自身的文化基因，从文化中获得警示，从文化中汲取力量，从民族根性文化和起源地文化之中去挖掘原生的动力和潜力，而后则能够得到再创造、再发现、再前进的源发性活力与动力。

欧洲文艺复兴时期，知识精英们回望了先祖的文化，他们回到了古希腊、古罗马，去汲取他们的祖先给予的力量，从而开创了欧洲文化的新纪元，也实现了人类文明的新发展。今天的中国何尝不是进入到了这样的一个新时代呢，是不是也应该酝酿和亟须一次来自亘古动力的伟大复兴呢？

在文化面前我们应该是卑躬的；在起源面前我们应该是敬重的。探寻起源文化需怀有一颗敬畏之心，毕恭毕敬地弯下腰来，沉下心来，轻轻地拂去时间的落垢尘埃，掬手映月，小心翼翼地触摸和捧奉，屏声敛气走进历史的地下层、文化的深水区，钩沉出诗意的碎片，打捞上史剧的绝响。

世事沧桑，弹指千年。或许人类对远古文明的起源记忆和线索，很难从文书典籍或书本课堂里获得，只有走出书斋深入生活，走进民间去洞悉那些来自农家的土炕上、乡村的田野里，以及源自遥远的历史进程中带着泥土气息和乡音的传说和故事里去探寻和挖掘。

“礼失求诸野”。当我们以科学的态度去探索和诠释那些无法触及、很难追溯、不可思议的古老文明时，你会发现有一条民间的线索仍在延伸着，传承着，诉说着与此相关的，具有鲜活生命印记的许多优美传说。而这些都可以作为我们探寻起源地文化的佐证。

《中国起源地文化志系列丛书》在田野调查、文字记录、图片拍摄和音频视频等信息采集及查阅大量史料的基础上，形成了以中国起源地文化研究课题的成果，力求紧扣区域特色，彰显民族民间文化多样性，多维度、多向度、全方位、全景观地展现起源地文化风貌，以及新时代人文精神的宏大历史背景和微观叙事的再现。以客观、科学、理性的态度记录、梳理、传承、发展、传播各物质、非物质文化的起源。

找到了一种物质文明和非物质文明的起源，无异于获得了一把打开和解读这种物质世界和精神世界的钥匙。

“欲流之远者，必浚其泉源”。探明文化的积淀“库存”，开掘文化的富矿资源，用好文化的起源活水，激发文化的凝心聚力、成风化人的独特作用。我们就一定可以发时代之先声、开社会之先风、启智慧之先河，让古老的文化促进当代社会的变革前进和国家的兴旺发展。功莫大焉。

二〇二〇年十月

序二 保护起源地文化宣言

问渠那得清如许，为有源头活水来。

中华文明源远流长，翘楚世界，建今日之中国，必承往日之中国。

鉴此，我们郑重宣告：

克承传统，广大传统，取精华、涤糟粕、融时代，为终生奋斗之事业。

筚路蓝缕，不绝清音。

上溯三皇五帝，历代高贤大德，莫不以修齐治平立命，虽百死不赎其志。

故中华民族之时代精神，即社会主义核心价值观。

民为国本，德为人本，廉为官本，公为治本。

溯本求源，本末兼之，方为上善。

文以载道，任重而道远。

温文尔雅，不堕泱泱礼仪之邦。

三人成众，双木成林。

风成化习，果行育德，斯文大盛。

期待同道，与我同袍；

期待同泽，与我偕行！

羅楊

二〇一四年十二月

前言

旗袍是中国女性的传统服饰，寄托着中国传统的审美观念和审美理想。旗袍追随着时代，承载着文化，以其流动的旋律、潇洒的画意与浓郁的诗情，在表现中华女性贤淑、典雅、温柔、清丽气质的同时，连接起东方与世界，也连接起过去与未来。

《辞海》第六版中关于“旗袍”给出了这样的定义：“旗袍原是清满洲旗人妇女所穿的一种服饰，无领、箭袖（马蹄袖）、左衽、束腰为特点，下摆不开衩，衣袖八寸至一尺，右边绣有彩绿。辛亥革命后，汉族妇女也普遍采用。经过不断改进，一般样式为直领，右开大襟，紧腰身，衣长至膝下，两侧开叉，有长、短袖之分。”为进一步挖掘旗袍文化的历史内涵和时代意义，讲好中国旗袍文化故事，2019 年 4 月，中共沈阳市委宣传部与起源地文化传播中心共同启动了《中国起源地文化志系列丛书》之《中国旗袍文化·沈阳卷》编辑出版工作，充分借鉴社会各界的研究成果，继承传统，开拓创新，专门对旗袍文化进行了系统性梳理。

《中国起源地文化志系列丛书》之《中国旗袍文化·沈阳卷》基于中国旗袍文化起源地研究课题成果，结合《〈中国起源地文化志系列丛书〉编纂出版规范》进行系统梳理，主要以中国旗袍文化在沈阳的发展历史及现状为基础，将旗袍文化发展脉络、地理环境、时空传播、资源特色、民俗特征、品牌成长等进行系统挖掘整理，以旗袍文化起源、发展、演变为核心，通过开展田野考察、民俗文化、文字记载史、口述史等综合分析，形成重要成果。

民族团结、文化传承、创新发展是旗袍文化的重要精神内核，其倡导的爱国、爱家、爱民、爱自然、爱和平、尊重历史、尊重发展、尊重创新的理念与人类命运共同体等理念产生了强烈共鸣。未来，我们将继续深化旗袍文化在区域、全国、乃至全球文化、经济交流中所起到的积极作用，凝聚全球旗袍文化产业和各界人士的共识，强化旗袍文化的精神纽带作用，展示新时代和平中国、天下一家的负责任的大国形象，推进“一带一路”沿线国家和地区的民心交融，让旗袍文化在人类文明交流互鉴中发挥出新的纽带作用。

目　录 >>>

第一章 旗袍之地、旗袍之族与旗袍之史

旗袍文化起源地——沈阳，如今已经发展成为一座国际名城，但她更是一座历史悠久的古城。从遥远的新乐文明到清朝，再从清朝到现在，沈阳以其独特的历史文化底蕴积蓄着自己的力量，迸发出新的活力。

沈阳是旗袍故都，旗袍好像嵌入这座古城的一颗明珠，为这座城市增添了熠熠光辉，使这座城市拥有一种穿越年代的美，“现代女性身着或素雅、或艳丽的旗袍，更能体现一种冷艳与温婉、矜持与轻倩并存的、无与伦比的曲线美”。然而，当今那些谈笑间或是吴侬软语，或是京韵港腔的佳人，虽穿着旗袍展现出东方女性特有的万种风情，却未必知道旗袍的“前世今生”。旗袍与满族又有什么样的联系呢？

古往今来（张鹏 摄）

第一节 旗袍文化起源地的自然与人文

一、自然

沈阳，历史上称为盛京、奉天，是辽宁省的省会，位于中国东北地区南部、辽宁省中部，南连辽东半岛，北依长白山麓。沈阳市国土面积约 1.3 万平方公里，地形以平原为主，地势平坦，平均海拔 50 米左右，山地丘陵集中在东北部、东南部，属辽东丘陵的延伸部分，西部是辽河、浑河冲积平原，地势由东向西缓缓倾斜。

二、人文

沈阳地处古沈水（浑河支流）之北，依据中国的传统方位论，“山北为阴，水北为阳”，故称为“沈阳”。沈阳是一座闻名遐迩的历史文化名城，截至 2019 年年底，沈阳有常住人口 832.2 万人，包括汉、满、蒙古、回、朝鲜、锡伯等 41 个民族。

沈阳地区孕育了辽河流域的早期文明，是中华民族的发祥地之一。3 万年前，沈阳地区已有人类活动。据对新乐遗址的考证，早在 7200 多年前的新石器时代就有母系氏族社会先民在此农耕渔猎、繁衍生息。沈阳素有“一朝发祥地，两代帝王都”之称。1625 年，清太祖努尔哈赤把后金都城从辽阳迁到沈阳，并在沈阳城内着手修建皇宫（今沈阳故宫）。1634 年，皇太极尊沈阳为“盛京”。1636 年，清太宗皇太极在此改国号为“清”，建立清朝。1644 年，清朝迁都北京后，

旗袍盛典（国伏　摄）

沈阳成为陪都。1657 年，清朝以“奉天承运”之意在沈阳设奉天府，故沈阳又名“奉天”。

沈阳现有清故宫、福陵、昭陵三处世界文化遗产。此外，还有新乐遗址、锡伯族家庙、明清四塔七寺、张氏帅府等 1500 多处历史文化遗迹。1986 年，沈阳入选国务院公布的第二批国家历史文化名城。

1. 沈阳故宫

沈阳故宫，原名盛京宫阙，后称奉天行宫，位于沈阳市沈河区明清旧城中心。占地面积 6 万多平方米，有古建筑 114 座、500 余间。始建于后金天命十年（明天启五年，1625 年），初成于明崇祯九年（清崇德元年，1636 年）。明崇祯十七年（清顺治元年，1644 年），清朝移都北京后，成为“陪都宫殿”。从康熙十年（1671 年）到道光九年（1829 年），清朝皇帝 11 次东巡祭祖谒陵曾驻跸于此，并有所扩建。

沈阳故宫——大政殿（苗旭　摄）

沈阳故宫在建筑艺术上承袭了中国古代建筑的传统，集汉、满、蒙古族建筑艺术于一体，具有很高的历史和艺术价值。1926 年以后，其建筑群陆续辟作博物馆（现称沈阳故宫博物院）。1961 年，沈阳故宫被国务院确定为首批全国重点文物保护单位。2004 年 7 月，沈阳故宫被联合国教科文组织列入《世界文化遗产名录》“北京及沈阳的明清皇家宫殿”项目。

2. 福陵（东陵）

沈阳至今还完好地保留着清初两代帝王的陵墓：福陵（东陵）和昭陵（北陵）。

福陵位于沈阳东郊的东陵公园内，是清太祖努尔哈赤和孝慈高皇后叶赫那拉氏的陵墓，因其地处沈阳东郊，故又称为东陵。福陵与沈阳的昭陵、新宾的永陵合称“关外三陵”“盛京三陵”。福陵始建于天聪三年（1629 年），到顺治八年（1651 年）基本建成。后经清朝顺治、康熙、乾隆年间的多次修建，形成了目前规模宏大而完整的古代帝王陵墓建筑群，距今已有 300 多年的历史。崇德元年（1636 年）大清建国，定陵号为“福陵”。1929 年，奉天当局辟福陵为东陵公园。1963 年，福陵被列为辽宁省重点文物保护单位。1988 年，国务院将福陵列为全国重点文物保护单位。2004 年，福陵被列入《世界文化遗产名录》。

福陵后倚天柱山，前临浑河，万松耸翠，大殿凌云。福陵建筑格局因山势形成前低后高之势，南北狭长，从南向北可划分为三部分：前院、方城、宝城。福陵主体建筑周围建有风水红墙，使福陵构成了内城与外廓的格局，结构严谨，建筑雕刻精细，体现了我国古代建筑艺术的优秀传统和独特风格，反映了中华民族的高超智慧和创造才能。福陵中利用天然地形修筑的“一百零八蹬”（108 级台阶），象征着三十六天罡和七十二地煞，是福陵的重要标志。此外，陵寝周围还生长着数以千计的古松，它们枝繁叶茂，苍劲挺拔，以其常青绿色将福陵装点成一片松涛翠海。

福陵（ 杨歌　摄 ）

福陵（顾晨骏　摄）

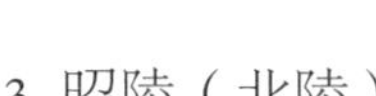

3. 昭陵（北陵）

昭陵位于沈阳市皇姑区泰山路以北的北陵公园内。昭陵是清太宗皇太极和孝端文皇后博尔济吉特氏的陵墓，因处于沈阳北部，故又称北陵。昭陵始建于清崇德八年（1643 年），至顺治八年（1651 年）基本建成，后历经多次改建和增修而形成现在的规模。1982 年，国务院公布昭陵为全国重点文物保护单位。2004 年，昭陵被列入《世界文化遗产名录》。

昭陵是清代“关外三陵”中规模最大、气势最宏伟的一座。昭陵是在平地上修建的，主要建筑位于中轴线上，其他建筑对称分布于中轴线两侧。昭陵由三部分组成：第一部分是从下马碑到正红门，第二部分是从正红门到方城，第三部分包括方城、宝城和月牙城。昭陵总体布局完整，其单体建筑及装饰独具特色，它既吸收了大量中原帝王陵寝的风格，同时也保持了自身的民族特点，将汉、藏、蒙古族等建筑文化与满族建筑文化巧妙地融为一体，形成了异于关内明、清各皇陵的独特风格，堪称中国古代建筑的精华、多民族文化

昭陵（唐磊　摄）

交流的典范。北陵公园东南部有东湖、青年湖，西南部有芳秀园。北陵公园林木葱郁，古松参天，鸟语花香。

第二节　旗袍之族——满族的历史沿革

旗袍，顾名思义为“旗人之袍”。《辞海》中关于“旗袍”给出了这样的定义：“旗袍，原为清满洲旗人妇女所穿的一种服饰，无领、箭袖（马蹄袖）、左衽、束腰为其特点，下摆不开衩，衣袖八寸至一尺，右边绣有彩绿。辛亥革命后，汉族妇女也普遍采用。经过不断改进，一般样式为直领，右开大襟，紧腰身，衣长至膝下，两侧开叉，有长、短袖之分。”❶旗袍起源于满族，要全面了解旗袍的起源，首先需要了解满族在漫长的历史长河中是如何一步步发展起来的。

满族是一个历史悠久的民族，三千多年前的肃慎人及其后裔挹娄、勿吉、靺鞨、女真便是满族人的祖先，直到天聪九年（1635 年）皇太极改女真为满洲，从此称之为满洲族（满族的叫法是在辛亥革命之后开始的）。❷

满族的先人们世世代代以狩猎和采集为生，兼营农业，生活地域基本上没离开过“白山黑水”之间。对于满族先祖的活动，中国大部分正史都有或多或少的记载。乾隆年间由

❶ 辞海编辑委员会．辞海（第六版）[M]．上海：上海辞书出版社，2010：4196.

❷ 李鸿彬．清朝开国史略 [M]．济南：齐鲁书社，1997：1.

大学士阿桂等人纂修的《满洲源流考》，试图给满族来源一个正式的说法。但阿桂等人为了给清朝统治地位寻求合法根据，强调清朝统治的合理性，所以对满族祖先进行了一定的美化和神化。《满洲源流考》不断强调满族历来就是一个独立的群体，但实际上满族成分复杂，在民族融合的过程中经常吸收他族部落，并曾受到明朝、朝鲜两方面的干预和影响，其民族形成过程起伏跌宕。

早在商、周中期，在不咸山（今长白山）北，大海东滨，北至黑龙江中下游生活着肃慎（亦作息慎、稷慎）部族，他们被认为是满族的先祖。对其记载最早出自《竹书纪年》："帝舜有虞氏……二十五年息慎来朝，贡弓矢。"《左传》中也有周王朝称肃慎为"吾北土也"，以及对其册封的记载。当时的肃慎人不仅以原始的采集、渔猎为生，而且能建造箭、瓦片和陶器等器物，说明他们已经脱离了茹毛饮血的生活。[1]

周武王、周成王时期，传说肃慎曾以"楛矢石砮"朝贡。秦汉、两晋时期（公元前3世纪至公元5世纪），肃慎称为"挹娄"。挹娄人分布在长白山北，松花江、黑龙江下游，东至大海。这些人居住于土穴，种植五谷，好养猪，能织麻布、造瓦屋，也从事狩猎，所用箭以青石为镞。他们生活的地区出产貂皮、赤玉。各部落自有首领，父子相传。魏晋南北朝时称为"勿吉"，原分为众多部落，后逐渐发展为粟末、伯咄、安车骨、拂涅、号室、黑水、白山等七个较大的部落。

---

[1] 徐淦生. 满族人的那些事儿［M］. 北京：中国文联出版社，2012：3.

隋唐时称为“靺鞨”，分布在松花江、牡丹江流域及黑龙江中下游，东至大海。他们有自己的农业，种植粟、麦，好养猪，富者多至数百口，也从事狩猎。北朝至隋朝时，多次朝贡，各部落发展不平衡，粟末靺鞨在南部较发达，黑水靺鞨在北部较落后。

唐初粟末靺鞨归附唐朝。7 世纪末，粟末靺鞨首领大祚荣统一了粟末各部，建立了政权。713 年，唐玄宗封大祚荣为渤海郡王，加授渤海都督府都督。粟末靺鞨政权以“渤海”为号，称为“渤海国”，有十多万人。唐朝开元十年（722 年），黑水靺鞨酋长倪属利稽入朝，唐玄宗任命他为勃利（伯力）州刺史。开元十四年（726 年），唐朝在黑水靺鞨地区设置“黑水都督府”，任命其首领为都督，唐派长史以监领之。唐玄宗天宝十四年（755 年），渤海郡王大祚荣之孙钦茂为国王，在钦茂的发展下，渤海国领土辽阔、民族兴旺、经济繁荣、特产丰富，是满族先世在东北建立的第一个政权，被誉为“海东盛国”。辽太祖天显元年（926 年），渤海国被契丹所灭，许多靺鞨遗民被统治者迁往异地，但仍有部分遗民留在松花江、牡丹江和白山黑水之间，继续繁衍生息。

五代时（10 世纪初），散居于白山黑水地区的靺鞨人开始被称为女真。女真人从事渔猎，农产品有粟、麦等。北宋初，女真人中的完颜部逐渐发展起来，在按出虎水（黑龙江省阿什河）一带定居下来。首领乌古遒时，因为引入铁器，提高了社会生产力；同时，女真人也学会了种庄稼，建造房屋，烧炭炼铁，铸造工具和兵器，修造船只。到 11 世纪末时，完颜部统一了女真各部。

女真狩猎图

1115年，完颜部首领阿骨打在上京会宁府（今黑龙江省阿城县南白城子）称帝，国号“大金”，这是满族先世在东北建立的第二个政权。建立了金政权后，管辖地区扩大，疆域辽阔。金太宗完颜晟于天会三年（1125年）领导大金挥师南下，一举灭辽，统一了东北地区。天会五年（1127年），完颜晟进军黄河流域，歼灭了北宋。南宋时，金与南宋对峙，金都城南迁，改燕京（今北京）为中都，这是满族先世第一次入主中原。一部分女真人迁居中原，社会经济迅速发展，并在长期的共同生产和相互斗争中，逐渐与汉人融合。13世纪初，北方的蒙古政权崛起，于1234年灭大金，女真所剩势力退回到东北。元朝时，女真置于元朝统治下，黑龙江地区归开元路及“合兰府水达达”等路管辖。明朝时，女真依聚居地形成建州女真、海西女真和野人女真三个部落。明朝政府在当地设置都指挥使司、卫、所各级行政机构，对女真诸部进行控制。明初，女真的一支“建州女真”辗转迁

女真首领完颜阿骨打画像

移来到浑河流域，同汉人接触较多，经常与汉人互通贸易，他们用马匹、貂皮、人参、珍珠等特产同汉人交换铁器、粮食、盐和丝织品。后来，他们学会了炼铁技术，能制造农具和兵器。

17世纪初，建州女真的杰出领袖努尔哈赤统一了女真各部。在统一的过程中，努尔哈赤创立了“八旗制度”。八旗分别用正黄、正白、正红、正蓝、镶黄、镶白、镶红、镶蓝八种颜色的旗帜作为标志。“八旗制”是一种兵民一体、军政合一的组织。实行八旗制度不仅增强了女真的战斗力，也推动了女真的发展。1616年，努尔哈赤称汗，建立了政权，定国号为金，历史上称为“后金”。后金政权建立后，八旗子弟协助努尔哈赤管理军政事务。之后努尔哈赤发动了对明朝的进攻。1619年在萨尔浒战役中，后金大败明兵。两年后，后金占领全部的辽东平原。后又迁都沈

清太祖努尔哈赤画像

阳。努尔哈赤死后，他的儿子皇太极继承了汗位。

清太宗皇太极画像

皇太极重视农业生产，后金在辽河流域的统治逐步巩固起来，一直有入主中原之意。1635年皇太极把“女真”改称为“满洲”。1636年皇太极称帝，改国号为清，都城仍在沈阳，皇太极即清太宗。1644年福临即位，是为顺治帝。是年，清军入关占领北京，并定都北京。从此，一个新的封建王朝——清朝开始统治中国。至此，满族先世从肃慎发展成挹娄，挹娄发展成勿吉，勿吉发展成靺鞨，靺鞨发展成女真，女真发展到满洲。辛亥革命后通称满族。

第三节　旗袍文化的社会背景

旗袍是满族人民在物质上的发明创造，它的出现具备了一定的历史条件，有其独特的社会背景，体现在政治、经济和思想等方面。

一、政治背景[1]

明朝末年，农民起义推翻了明王朝的统治，占领了首都北京。此时满洲的贵族趁农民政权还没有完全巩固之际，借助明朝山海关总督吴三桂之力，一举攻入关内，建立了清王朝。可以这样说，清王朝的建立、兴盛、衰败以至最后的灭亡，都直接影响着满族服饰艺术的发展和变化。清朝是中国历史上最后一个封建王朝，从某种程度上来说，它是建立在政治的专制和民族的压迫基础之上的。清王朝是满族统治阶级的天下，它的政治压迫也不可避免地体现在服饰的变革上。

随着清王朝政权的逐渐稳定，统治阶级强行推行服饰改革，把剃发作为汉人归顺清王朝的标志之一，因此强行推行“剃发令”。该命令规定，自得到诏令起十日内，官军民一律剃发，如有迟疑或违抗即以逆贼论斩。如此严格的剃发令使汉族男子改变了发式，把前颅头发剃光，后脑头发编成一条长辫垂下。为了抗争剃发改装的政策，汉族人民进行了长期的斗争，也因此付出了沉重的代价。一方面是汉族进行抗争，另一方面是清政府为了缓和明朝矛盾，采用了明朝遗臣金之俊的“十从十不从”建议。“从”就是指遵从满族的风俗，这“十从十不从”是指“男从女不从，生从死不从，阳从阴不从，官从隶不从，老从少不从，儒从而释道不从，娼从而优伶不从，仕宦从婚姻不从，国号从官号不从，役税

[1] 参见：王小芳．清代女子服饰研究［D］．郑州：郑州大学，2011：3.

从语言文字不从”。[1]这个建议在很大程度上缓和了当时紧张的民族关系，同时也对清朝服饰制度的流变产生了深远的影响。清朝统治者在服饰方面的强制措施，是中国两千年封建专制历史上继“胡服骑射”和“开放唐装”之后的又一次重大而激烈的服饰变革。满族这一游牧民族擅长骑射，“以马上得天下”，这也是清朝统治者遵守自己的民族服饰制度，提倡易于骑射的满族装束的原因。

清朝服制改革后，男子一律穿着满族传统服饰。“十从十不从”的民族奋争，使汉族的女性服饰得到了生存空间，汉族女子继续保留流传千年的上衣下裳制。由此清代的女子服饰便存在满、汉两种体系。而清代的女子服饰最为繁缛和丰富，它在继承明代服饰技艺成就的基础上，进一步把传统服饰的艺术水平提高到历史鼎盛时的高度。

满、汉并存的清代妇女服制在中国历史上很有特色。在这个时期，满族妇女都穿着其民族传统服饰长袍，而汉族女子沿袭上衣下裳的服饰。满族妇女服饰着装有极其严格的规定，除了官式服饰外，命妇的日常便服也自有规制。清朝初期当权统治者禁止满族妇女穿着汉服，以防止满族女服汉化。但是后期随着“大半旗装改汉装，宫袍截作短衣裳”，满族女服和汉族女服开始相互影响。满汉服饰在差异中流变也有所不同。清朝满装钦定的冠服形制较为严格稳定，日常服饰也都以皇宫中服饰特色为风尚，而江浙地区经济富庶，丝织业发达，苏州、扬州一带成为汉族女装的发展中心。

[1] 赵尔巽. 清史稿［M］. 北京：中华书局，1977：135.

二、经济背景

清王朝在统治初期不断遭到汉族人民的强烈反抗。至康熙初期，清王朝不断调整法令，推出了一系列缓和阶级和民族矛盾的政策，例如奖励开垦、兴修水利、永停圈地、整顿赋税等。这些政策在很大程度上增加了满汉耕垦的土地面积，促进了全国各地农业的发展。其中，经济作物如棉花、蚕桑的发展十分突出。这时棉花种植遍及全国各个地区。棉布是人们衣着的主要材料。据史料记载，18 世纪松江地区的棉布市场发展十分活跃。清朝末年，每年棉花出口多达万担。棉织品工艺种类很多，做工也更加精细。由于种桑养蚕的经济效益远大于粮食种植，所以蚕桑生产在清代大规模发展，成为农民经济生活的重要产业。蚕桑生产的商业化也促进了丝织业的发展。这时丝织品的种类也十分繁多，其中江宁缎、吴江绫、湖州绸、通州绢等最为著名。乾隆二十四年（1759 年），两广总督李侍尧奏报“外洋各国夷船到粤贩运出口货物，均以丝货为重，每年贩卖湖丝并绸缎等货，自二十万余至三十二万斤不等……其货均系江浙等省商民贩运来粤，卖与各行商，转售外夷”。[1] 从这个报告中，可以看出清朝丝织品贩卖给外商的数量之大，从侧面反映出清代丝织业已十分发达。这些都为清朝服饰的繁荣奠定了坚实的物质基础。

清代纺织工业在手工业生产中占据重要的地位，其生产

[1] 陈茂同．中国历代衣冠服饰制［M］．天津：百花文艺出版社，2005：225.

规模在历史上最为宏大，纺织水平也很高。清王朝征选了大批擅长织造的能工巧匠，在苏州、杭州、南京设立专门的织造衙门，为皇室贵族织造绫罗绸缎。此时，民间的纺织业也发展起来。明朝，资本主义萌芽的出现催生了纺织业生产的专业化和地区化。清朝纺织业在此基础上发展也十分迅速，在江、浙、湘、赣、粤地区出现了规模较大的纺织工场。这些工场拥有上百台织机，上千个工人，工场之间生产的竞争也促进了纺织业的发展进步。

杭州织造局

清代的花边生产也十分发达，这类花边可以防止衣物边缘磨损，美化服饰，而且这种美化功能已经大大超越了实用性，在清代女子服饰艺术中表现得最为明显。

清代织物的生产在前代发展的基础上也有很大程度的创新。在绣工方面，突破了明代的传统刺绣技艺，积极应用堆绞、钉线、打子、穿珠等新工艺。织工方面，首先将图案织造在制造衣服的材料上，然后直接裁剪制作成衣，节省了刺绣等工序。染工方面，清代的印染业也十分发达，仅苏州的染房就多达400家，匠工上万人，而且一个小染房就可以印染数百种颜色。清代皇家王室每年都要耗用大量的绫罗绸缎，而且明确规定需要织造的品类和样式。此外，苏州织造局还负责提供织造朝廷专用的服饰物品，如龙衣、绢布等。这些都由朝廷拟定样式和数量，织造局则须按期完工。经济的发展为清代服饰的五彩纷呈奠定了强大的物质基础。

三、思想背景

一个时代的思想背景，一个社会的意识形态，在一定程度上会影响衣冠服饰的发展。每个朝代的服饰风格也会从侧面反映社会思潮及意识的变化。例如，在宋代，人们深受程朱理学的影响，等级观念十分严格，简约保守成为推崇的风尚。明朝末年，商品经济的发展促使资本主义萌芽产生，市民阶级的实力壮大，他们开始积极争取平等的社会地位。此时，人们的社会观念开始改变，逾制现象时有发生。在雄厚的经济实力背景下，纲常名教已失去了往日强大的威力，封建社会一贯的尊卑等级秩序受到了强烈的冲击，这也深深影响了时代的社会风气。人们的观念开始改变，在衣着上的投入越来越多。由此，在明代末期，人们渐渐远离朴实，竞相奢华。所以思想观念的变化反映了社会风尚的动态，又潜移默化地影响着服饰形态。与此同时，服饰的审美趣味又反过来促进社会观念的流变。

清朝前期，虽然经济日益繁荣，但是文化思想却渐趋保守，这与当时的政治及哲学思想有关。当时的清王朝统治者

和儒家学者认为明朝灭亡的原因，一方面是由于明朝相对开放的社会秩序，另一方面是由于王阳明学说推崇的自发性道德和情感加剧了道德的松弛。清朝过快增长的人口导致了对社会资源的强烈掠夺，而这些都需要统治阶级利用严格的等级秩序来规范，以维持社会稳定。以上原因都直接导致清朝前期思想保守。在清朝统治者的压迫措施下，严格的旧有的等级秩序成为社会的道德准则和规范，这也鲜明地体现在清朝皇家王室的服饰上。

在清廷贵族官僚、商人市民审美趣味的影响下，清朝的建筑、雕塑、漆器等注重技术的细腻和纹饰的精美，艺术风格日趋精细俗艳。重重烦琐的装饰层层堆饰在各种建筑、家具、器物和服饰上。

清朝末年，西风东渐也直接影响了晚清女子服饰的变化，其中旗袍的演变可谓最为典型。之后，民国旗袍是在传统满族旗袍的基础上，结合西方的裁剪技术，进行中西合璧的全面改革而成的经典服饰。这种典型服饰体现了社会思想的变化，同时也集中展示了东方女性的独特魅力。

第四节　旗袍的历史演变

满族是一个古老的民族，其先民早在商周时期就生活在东北的白山黑水间，与生活在中原地区的汉族先民并存。史书中没有关于挹娄以前满族先民服饰的记载，考古发掘中也尚未发现。仅在《后汉书·东夷传》中对挹娄时期有所记录："挹娄……有五谷、麻布，……好养豕，食其肉，衣其皮，冬以豕膏涂身，厚数分，以御风寒。夏则裸袒，以尺布蔽其前后。"由此可见，当时的满族先民还谈不上什么服饰。

任何社会都是这样，随着历史的演进和社会生产力的提高，衣食住行等各方面都会有所进步。满族先民到了勿吉时期，在服饰方面有了男、女的区别，妇女以毛、麻织布为裙，用猪、狗的皮制裘。同时产生了对美的追求的萌芽，有以虎、豹的尾巴及雉鸡的翎为饰物的。

"袍"，满语"衣介"，因为它是旗人的常服，所以又称"旗袍"。多数学者认为旗袍在古代属于深衣的一种，《礼记·深衣》记载：深衣衣裳相连，被体深邃，故为深衣，即袍。

一、深衣

深衣在春秋时期出现，从战国时期到汉代逐渐流行起来。当时，无论男女及地位尊卑，都可以穿着深衣。深衣成为一种地位仅次于朝服的服饰。后来，深衣逐渐成为女子的专属。魏晋南北朝以后，深衣才逐渐被袍衫所替代。[1]深衣虽然看起来上下相连，但却是上下两部分分开制作后，再将腰部缝合而成的，深衣的制作有着极其严格的规制。[2]

---

❶ 温海英，张军雄．旗袍演变史对现代旗袍工艺与制作的启示［J］．东华大学学报·社会科学版，2019（2）：158.

❷ 王红卫．中国民族服饰旗袍研究［J］．中国民族博览，2019（8）：162.

深衣

二、袍服

良好的经济基础刺激了社会大众对服饰的需求，也刺激了纺织业的快速发展，极大地促进了服饰的兴盛与变革。[1]隋唐时期，圆领衫出现，成为汉服的一种重要变体。[2]而圆领衫其实仅是圆领式样的一种，这种式样在中国早期的服饰历史中就曾经出现过，但直到隋唐才开始流行起来，后来逐渐盛行，并登上了大雅之堂，成为官式的常服。袍服的发展

❶ 温海英，张军雄．旗袍演变史对现代旗袍工艺与制作的启示［J］．东华大学学报·社会科学版，2019（2）：159．

❷ 江倩倩．唐代服饰特点初探［J］．新西部·理论版，2013（12）：92．

唐代圆领袍衫

可以延续到唐、五代、宋、明时期，并且对当时的日本、高丽等国产生了重要的影响。

三、清代的旗袍

（一）旗袍自身的变化

努尔哈赤统一女真各部后，为了巩固其统治地位，实行八旗制度。那时的旗袍与现在的旗袍是完全不同的。那时的旗袍是不分男女老少、高低贵贱都可以穿着的一种长袍。满族先世长期居住在东北长白山一带，属于游牧民族。在长期的渔猎生活中，逐渐形成了直筒式的袍，它圆领口、窄袖、

带有马蹄袖的大红缂丝八团金龙单袍（来自沈阳故宫博物院）

左衽、束腰、有扣襻，长至脚面，下摆肥大，四面开衩。长及脚面的设计可以很好地抵御寒冷、保护身体，开衩便于骑马打猎。这种式样的袍子，适应当时的环境，适合当时人们的需求。因此，男女老少普遍穿着这种长袍。

当时的旗袍重实用、少装饰，是现代旗袍的雏形。旗袍任何部分都不重叠，从上到下由一片面料组成。在继承古代深衣特点的同时，旗袍也有自身的特点，并随着历史的发展不断变化。从西周时期的麻布窄形筒装，延传其后，又受周边民族的影响，仿效辽金及元代蒙古族的衣装习俗。最初的旗袍外形轮廓是长方形，属于直筒长袍。袍的袖口上带有长约半尺的“袖头”，即“马蹄袖”。[1]

清王朝建立后，满族人脱离了原来马背上的生活，开始逐渐受汉族影响，旗袍在这时期也发生了变化，男女旗袍在款式上开始不同。女性旗袍还是宽腰身，直筒式样，但是，装饰逐渐变得复杂。清朝后期，“元宝领”十分普遍，领高盖住腮碰到耳，袍身多绣以各色花纹，领、袖、襟都有多重宽阔的绲边。到咸丰、同治年间，镶绲达到极致，有的甚至整件袍子全以花边镶绲，以至于几乎难以辨别本来的衣料。这时期女子所穿的袍，才是现代意义上旗袍的真正始祖。[2]旗袍发展模式是从“强制推行—被动接受”到“民间认可—自觉接受”的。

（二）满族旗袍的变化

1. 色彩、原料

女真人服饰在原料使用和色彩处理上极有特点，反映了女真人强烈的着装意识，他们的色彩修养很高，如投身自然、融入自然、依靠自然的思想。为了适应游牧狩猎的生活，女真人将衣服用保护颜色进行处理，所选用的织物的颜色与所处的生活环境色彩相近，方便他们隐蔽起来，不被猎物发现，从而麻痹猎物，达到保护自身的目的，这样的做法取得了理想的效果。

1636 年皇太极称帝后，制定了一系列新制度，其中包括关于宗室王公与福晋、诸臣的顶戴品级及服饰颜色等的制

[1] 温海英，张军雄．旗袍演变史对现代旗袍工艺与制作的启示［J］．东华大学学报·社会科学版，2019（2）：159.

[2] 范康宁．浅析旗袍的发展与演变［J］．艺术理论，2010（10）：76.

度。旗袍的颜色变得丰富多彩起来，尤其是女子的旗袍纹饰繁多，极其讲究。旗袍也成为旗人的法定服饰，成为皇宫和盛京城里一道动人的风景线。清代翰林缪润绂在他的《沈阳百咏》中有诗云："谁信东京儿女小，梳妆争及凤凰楼。"皇太极对旗袍等满族服饰大加推行，在《崇德会典》中有明文规定："凡汉人官民男女穿戴，俱照满州样式……女人不许梳头、缠脚。"由此可见，旗袍在有清一代风行的推动力就是法令。

2. 建立旗袍制度

皇太极建立旗袍制度，目的之一是满足大清国民新服饰形象的需要。《钦定大清会典》中记载皇太极曾下谕："凡大朝常制，皇帝礼服、群臣朝服、御门燕朝各从所宜服。"这使得统称旗袍的服饰有了明确的等级说法和着服规定。皇太极在清立国之初，即提出推广旗袍的制度和规范，这无疑是一种社会的进步。

清宫廷服饰制度经过康熙、雍正等帝王的逐渐改进，到乾隆时最终走向完善但在这一过程中仍然避免不了与汉族的服饰文化相交融。就拿最具有满族特色的马蹄袖来说，马蹄袖是满族服饰与汉族服饰重要的区别之一，清初的马蹄袖外形十分窄小，最宽的地方也只有10厘米，但发展到清代中期后，宫妃的袖口逐渐加大，有的宽度甚至达到30厘米，形态与汉族的大袖接近。不过清朝统治者铭记祖训，满族马蹄袖的形制保留得到了坚决完美的贯彻。[1]

3. 满族旗袍与过去袍服的区别

清初满族妇女服饰体制严格，呈现出较明显的两极分

[1] 夏艳，等. 大清皇室的走秀台［M］. 北京：中国青年出版社，2011：12.

化。宫廷旗袍繁缛华丽、尽显富贵，民间则简约适度、朴素无华。虽然清朝旗人的旗袍是独树一帜的，但是这一时期的旗袍却仍以直身式、外及型为主，且在装饰和颜色上强调展示华丽、端庄与权势的威严。这一时期的旗袍与过去袍服的区别主要体现在以下三个方面。

第一，袍服在明代之前，宽松、飘逸，袍身和人体之间的空隙比较大；而满族的旗袍袍身与人体间的空隙比较小，挺拔、严密且封闭，两者从形式感觉上有很大

明《徐显卿宦迹图》中官员穿常服上朝的情景

明代袍服，以带结衣

不同。

第二，襟前是带结还是扣结。扣结在金代时的辫线袄上已经出现，延至元、明，从皇帝到大臣普遍适用，范围较广。但是，以带结衣仍然是几千年的风俗。所以，袍服在明代之前大多以结带来增添长衣的潇洒和风度。而到清代，旗袍才真正结束了带结的传统，以纽扣代之。

第三，从商周时代开始，中国历代袍服习惯使用的开襟形式大多是右衽。旗袍形成的时间基本上是在17世纪初，最初是左衽的。努尔哈赤将各部女真统一，后皇太极定国号为“大清”。1644年顺治帝即位，这一年迁都北京，进而全国统一。从此，由于皇族尊贵、地位上升，延续传统已成必然，旗袍右衽又逐渐普遍起来。

总之，与中国历朝历代的传统袍服相比，旗袍已经十分简化，具有轻便、易用、省工、省料等特点。但是，从高翘掩面的立领、肃穆修长的衣身、封闭包裹的底襟中，仍

清代旗袍，以纽扣结衣（来自沈阳故宫博物院）

然强烈地反映出几千年来的封建伦理道德和保守禁锢的审美意识。清王朝建立之时，满、汉服饰融合非常困难。乾隆帝当政之时，尽管仍坚持穿着满服，但还是吸取了汉宫廷袍装中一些特有的装饰成分。将清代以前衮冕服饰中的“十二章纹”织绣图案（日、月、星辰、山、龙、华虫、宗彝、藻、火、粉米、黼、黻）引用在满族朝服之上。将明代朝服上的“补子”装饰，运用到清宫廷的补服之上。这样的做法，使得清宫廷服装更加庄重威严，体现了历代袍装等级观念的延续。从皇太极在盛京建立清朝，后顺治皇帝迁都北京，一直到辛亥革命时，清王朝自始至终都在以强大的政治压力使民心归顺。入关以后，顺治皇帝立即命令全国军民“剃发易服”，迫使汉族百姓更衣改装。旗袍风格拘谨，与朝廷对内高压统治、对外闭关自守政策相一致。1644—1911 年的 268 年间，旗袍服式没有很大变

清黄缂丝五彩八团金龙袷袍（来自沈阳故宫博物院）

化，官用、民用式样基本相同，只是在用料、选色和饰物上表现了等级区别。旗袍繁复的工艺是历朝袍服所不及的。为表现显赫的地位和身份，一般旗袍的绣花图案面积可达整个衣服面积的70%，工艺之复杂超乎寻常。宫廷旗袍按官品等级选择不同的面料，如缎、绡、绸、纱及剪绒织物。王宫旗装用色明朗、强烈、艳丽，平民则以灰暗颜色为主。[1]

4. 将旗袍制度上升到法律

清初对旗袍的强调是法律意义上的。皇太极时曾对旗袍等满族服饰大加推进，《崇德会典》曾明文规定汉人官民男女穿戴，俱照满州样式。《奉天通志》中也有明确的记载："暨清崛起，满州以武力定天下，全国冠

[1] 汤新星. 旗袍审美文化内涵的解读［D］. 武汉：武汉大学，2005：11.

裳皆同一律，于是袍褂、马褂鞋帽之制风行海内。本省为有清丰沛故地……至妇女服装，向时满汉迥异。民国以来，力禁缠足，于是裙幅之制废而旗袍之风行。”这说明自清初开始，满族男人服装与其他民族基本一致，而满族女子则与其他民族有别，必着旗袍，不管高低贫富皆然。

朝廷颁布法律，由皇宫而市井，旗袍由盛京而北京，及至全国，逐渐普及。到了清末，旗袍在沈阳已成为一种比较流行的服饰，不管贫富，皆有旗袍，如《奉天通志》所言：“富者新妇盛饰高头绣履，袍褂彩衮，钗钏约指、银爪翠当，时肖宫样；贫者荆钗布袍，较长鲜洁耳。”这种着袍风尚，也在《沈阳百咏》里体现出来：“卷袖衣衫称体裁，巧将时样斗妆台。谁知低护莲船外，争及罗裙一系来。”这样的长

身穿旗袍的满族妇女

衫旗袍，再配上高底彩鞋，其神采风姿，自是不一样。[1]

四、近现代的旗袍

辛亥革命后，旗袍开始逐渐在民间流行，并吸收汉族服饰文化与西方服饰文化的长处，不断融合、改良，经历了有史以来的鼎盛时期。近代旗袍始于20世纪20年代初，款式上虽有一定的改进，但仍是立领、大袖、宽腰身，与清代末期的旗袍相比没有很大的区别，只是袖口逐渐缩小，镶绲没有以前那般繁复，而此时满族男性旗袍已废弃。[2]1929年4月，民国政府发布了有关服装的条例——《民国服制条例》，正式将旗袍定为女子的民国礼服之一，由此可见旗袍在当时社会上的地位是非常高的。20世纪30年代是旗袍发展的顶峰时期，也就是此时，旗袍奠定了它在中国女装舞台上不可替代的重要地位，成为中国女装的典型代表。此时的旗袍由于受外来文化、社会变革、人文思想等因素的影响，在结构、款式、风格等方面都有了根本的变化，受西方短裙影响，旗袍长度缩短，几近膝盖。20世纪30年代中期又加长，两边开高衩，突出了妇女体形的曲线美，现代旗袍基本定型。20世纪40年代，出现短袖或无袖旗袍，外为流线型。经过改良的旗袍正规而庄重，富贵而典雅。女性旗袍由宽袖变窄袖，直筒变紧身贴腰，臀部略大，下摆回收，逐渐形成

---

[1] 盛京1636：旗袍在这里诞生［EB/OL］. http://gz.people.com.cn/n2/2017/0911/c370110-30717583.html.

[2] 陈东生，等. 旗袍的变革及其所体现的东方美学特征［J］. 浙江纺织职业技术学院学报，2004（4）：43–45.

民国时期身着旗袍的女性

各式各样、讲究色彩装饰和人体线条美的旗袍样式。由于旗袍非常适合展现中国女性的体形及气质，后来这一源于满族的传统服装渐渐成为中华民族服饰文化宝库中的一朵奇葩，受到国内外女性的青睐和赞赏。

五、沈阳与近现代旗袍

沈阳既是旗袍的诞生地，又是旗袍文化的延续地。1929年，著名作家张恨水应张学良之邀来到沈阳，他一下火车，就对沈阳的大都市气象感到意外，其中最让他感叹的就是这里穿旗袍的女性特别多。几乎同时，梁思成、林徽因应东北大学之邀来到沈阳讲学、定居，西服、旗袍好像成为绅士、淑女的服饰标配，也通过学者达人们的文化沙龙流行开来。[1]

时尚而现代的沈阳，一直有着自己的旗袍制作工坊，为这个城市的女性提供最美的服饰。有这样一个现象：无论清文化、旗袍文化在各个地方衍生出什么样的变体，比如京派式样、海派式样、欧洲式样等，无论在旗袍的细节、裁剪、用料上有多少种变化，只要女性一穿上旗袍，还是可以让人一眼就从其他同框的衣装中分辨出来的。旗袍的可辨性为何如此之高，恰恰在于旗袍文化一以贯之的存在，使得这种衣着样式具有极高的辨识度，万变不能离其宗——清文化、中国风、盛京味儿。

旗袍展示（张亚丹　摄）

[1] 从盛京1636开始，沈阳与旗袍的故事讲了三百多年［EB/OL］. http://www.qiyuandi.cn/portal.php?mod=view&aid=876.

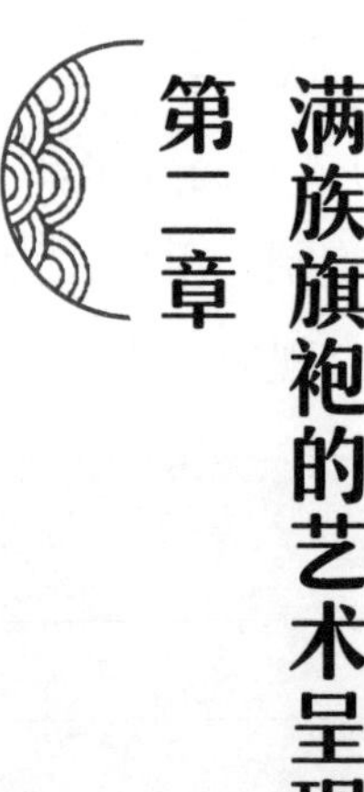

第二章 满族旗袍的艺术呈现

满族旗袍作为一种充满艺术特色的服饰，它的艺术呈现方式有其独特之处。满族男子和女子的旗袍形制不同，各具特色。满族旗袍精美的纹饰图案也有其独特而美好的寓意，表现了满族人民对美好生活的期盼和向往。满绣是绘制旗袍长卷的水墨，是旗袍的精神和灵魂，使旗袍呈现出浓郁的满族特色。

第一节　满族旗袍的形制

一说到旗袍，人们会不自觉地把它与女子联系在一起，认为只有女子才会穿旗袍，其实不然。在清代，旗袍是男女老少都会穿的一种服饰，并不是女子的专属。

一、男子旗袍

男子旗袍又叫大衫，可以分为单、夹、皮、棉四种，这种服饰深受满族男子喜爱。它的样式、结构、剪裁都非常简单，但极其实用，一般为圆领或无领（如果无领，一些人喜欢加一个假领）。努尔哈赤为统一衣冠，曾制定衣冠制，规定“凡朝服，俱用披肩领，平民只有袍”。即常服不能带领子，只有入朝穿朝服时才可以加上形似披肩的大领。❶

男子旗袍的前后襟宽大，束腰出猎时可将干粮等装进前襟。为了便于射箭，袖子较窄，在窄窄的袖口处接有一截上长下短的半月形袖头，形似马蹄，俗称“马蹄袖”，满语称为“哇哈”。平时挽起来，冬季打猎或作战时放下，用它罩住手背，可以起到保暖的作用，但又不会影响拉弓射箭，所以又称为“箭袖”。后来“放哇哈”成为清朝礼节中的一个规定动作，官员入朝谒见皇上或其他王公大臣时，都得先将马蹄袖弹下，然后再行请安跪拜之礼。男子旗袍四面开楔。这种设计本来是为了上下马方便的，但后来演变成区分等级的标志之一。皇族宗室开四褉，官吏士俗开两褉。还有一种便服不开褉，俗称“一裹圆”。❷

清代的男子旗袍主要包括朝袍、吉服袍、常服袍和行服袍。

朝袍即朝服，是帝后王公大臣在朝会、祭祀时所穿的礼

❶ 徐淦生. 满族人的那些事儿［M］. 北京：中国文联出版社，2012：122.

❷ 徐淦生. 满族人的那些事儿［M］. 北京：中国文联出版社，2012：122.

袍，其上织、绣符合自身等级身份的图纹，形制为圆领、马蹄袖，右衽窄袖披领紧身。

吉服袍又叫嘉服或龙袍、蟒袍。不同等级的吉服袍，不仅底色有区别，而且织、绣显示不同等级的图纹，以此来区别。其形制为圆领、马蹄袖，右衽窄袖紧身直身袍，宗室皆为前后左右开四褉，其余文武官为前后开两褉。吉服袍都没有接袖，不分冬夏，只有单、夹、棉、裘之分。

常服袍是圆领、马蹄袖、上衣下裳相连属的右衽窄袖紧身直身袍。常服袍多以暗花织物为面料缝制而成，用色及花纹都可以在符合身份的范围内随其所欲。其袍式与吉服袍相同，有棉、夹、单、裘四种，根据季节的变化而更换。其衣襟宗室开四褉，其余皆开两褉。

行服袍是一种圆领、马蹄袖、上衣下裳相连属的右衽窄袖紧身直身袍，是君臣在巡幸、大狩、出征等活动时所穿的一种大襟长袍。行服袍的形制与常服袍相似，只是比常服袍短十分之一。为了方便乘骑，这种袍子的右裾在一尺处被剪断，缝制好之后，再用三组纽襻把被剪下的右裾与袍的右裾连接在一起，既可分又可合，故又称为“缺襟袍”，这也是行服袍的独到之处。行服袍皆为前后左右开四褉，有棉、夹、单、裘四种，随季节时令而更换。[1]

[1] 曾慧. 满族服饰文化的变迁［J］. 辽东学院学报·社会科学版，2009（4）：98.

二、女子旗袍

满族妇女没有旗袍之前穿一种“团衫”。这种“团衫”所用面料多为黑色或黑紫色，前襟拂地，后襟拖地尺许。腰间用红黄色的布带裹扎，带的两端又垂至足。下罩袍裙，裙上绣金枝花纹，并有六道褶折。

后来旗袍出现了，女子旗袍要比男子旗袍讲究装饰，样式也很美观大方。领口、袖头、衣襟都绣有不同颜色的花边，有的多至十八道，称为“十八镶”。旗袍袖口平直较大，圆领，领头较低，大襟，袍长掩足。较低的圆领后来渐渐加高，如果不用领头的话，则在颈间围上一条小领巾。此外，

19 世纪蓝地缂丝团鹤花卉纹女吉服袍（明尼阿波利斯艺术博物馆藏）

袍装的领口、衣袖、衣裾、衣襟都镶绲华丽的装饰，而且花边发展得越来越繁复，以至于有“十八镶”的艺术特色。还有一种旗袍叫“大挽袖”，就是把花纹绣在袖筒里。当把袖口挽起来时，更显美观。[1]

满族贵族女子的旗袍种类有吉服袍、氅衣、衬衣等。女吉服袍，指太后、皇后、妃嫔以及福晋、夫人、淑人、恭人、公主、命妇等在重要节日和某些吉礼、军礼活动所穿的圆领、马蹄袖、上衣下裳相连属的右衽窄袖紧身直身袍。这种吉服袍有接袖，这是与男吉服袍相比最大的差别。氅衣也是清代满族女子的服饰，其款式为圆领、大襟右衽、平阔袖，身长掩足，袖长及肘，袖口多层间作可翻下状，裾左、右开至腋下，直身式袍，这种服装只作为外衣使用。氅衣是清代女便服中镶边最考究，制作手法最独特，做工最精美，花纹最丰富、最富有装饰性效果的便服。衬衣原为满族妇女所穿的一种圆领、右衽、直身、长袖、平口的无裾便袍。起初是作为一种内衣而出现的，所以称为衬衣。衬衣因其无裾，所以既可作为外罩单穿，又可外套紧身、马褂等，其华丽程度仅次于氅衣。

到了清朝后期，“元宝领”变得十分普遍，领高盖住脸腮碰到耳，袍身上多绣以各色花纹，领、袖、襟、裾都有多重宽阔的绲边；至咸丰年间，镶绲达到高峰时期，有的甚至整件衣服都用花边镶绲，以至于几乎难以辨识本来的衣料。女子旗袍的装饰之烦琐，几乎到了登峰造极的境地。慈禧太后的一张旗袍照片里，她扮成观世音菩萨的样子，旁边李

[1] 徐淦生．满族人的那些事儿［M］．北京：中国文联出版社，2012：123.

清茄紫色江绸暗团花镶绛丝边棉袍（来自沈阳故宫博物院）

19 世纪晚期绿地团花纹女吉服袍

清晚期黄色团二龙戏珠纹暗花芝麻纱氅衣

莲英太监扮成童子。这张照片里面慈禧太后穿了一件旗袍，镶、绲、嵌、烫、绣、贴、盘、钉样样俱全，可以说是集传统旗袍工艺之大成。

女式旗袍除了直立式的宽襟大袖长袍外，其余的下摆及小腿的部位也绣有花纹。古老一些的旗袍有琵琶襟、如意襟、绲边或镶边等款式。清初镶边较狭，颜色较素。及至清末衣缘越来越阔，花边也越绲越多，还有在衣襟及下摆处用不同颜色的珠宝盘制成各种花朵，或挖空花边，镂出各种图案。这类衣服，由于装饰太盛，穿在外边几乎看不清原来的

慈禧太后扮观世音菩萨像

清代缂丝菊花寿字纹女衬衣（美国费城艺术馆藏）

衣服的质地。随着时代的变迁，女士旗袍也在变化，从四面开衩变成两面，宽大的下摆缩小，袖口也由窄变肥，但后来又由肥变窄。但是无论怎么改，在封建礼教的束缚下，女子旗袍的剪裁一直保持着直线，胸、肩、腰、臂一律平直，女性的身姿毫不外露。

女子旗袍按季节而不同，有单、夹、皮、棉之分。色彩以浅色为多，如淡粉、淡绿、浅藕荷、浅绛色等。

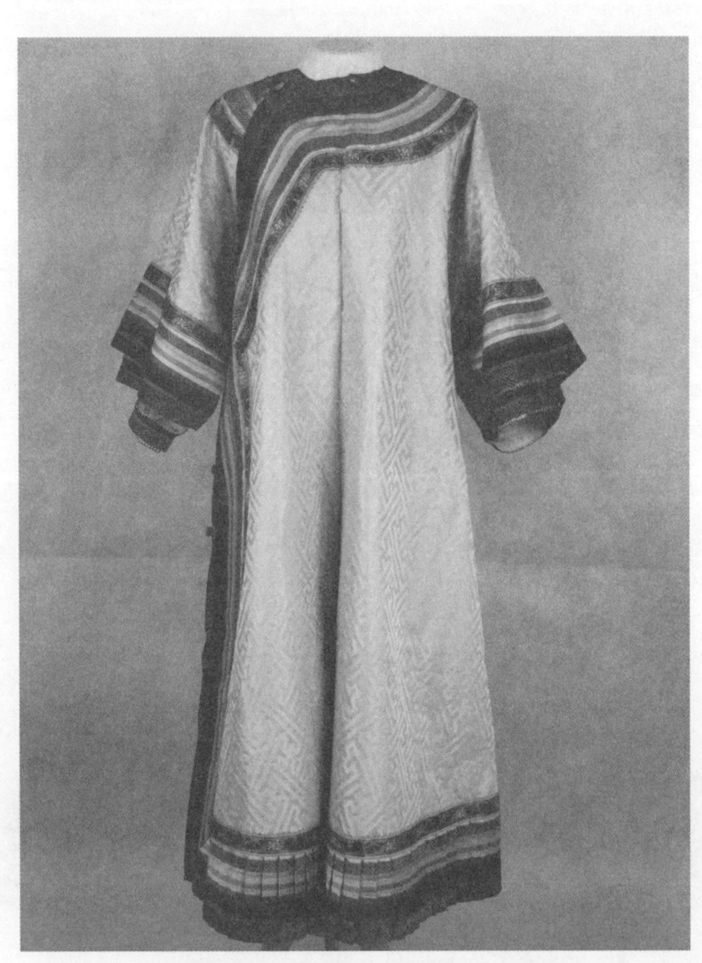

清浅藕荷绸镶边百褶棉袍（沈阳故宫博物院藏）

清绿色缎彩绣八团五福捧寿纹吉服袍

灰哈拉呢彩绣云鹤女夹袍（来自沈阳故宫博物院）

三、与旗袍相关的服饰或发式

满族人平时着袍、衫，旗袍在初期宽大而后期直窄，在旗袍外加坎肩，坎肩下部与腰际齐，也有长度与袍、衫齐的。有的人在旗袍外穿马褂，但是不用马蹄袖。

1. 坎肩

满族人喜欢穿长至脚面的旗袍，外着坎肩。坎肩流行是在与汉族人的相处之中，向汉族人学习而来的。当时汉族的坎肩比较简单，既没有领子也没有袖子，后来满族人对坎肩进行了改造，把绲边和绣花装饰在坎肩上。男子旗袍也可外罩坎肩，只是图纹、颜色等较女子坎肩单一一些。坎肩有

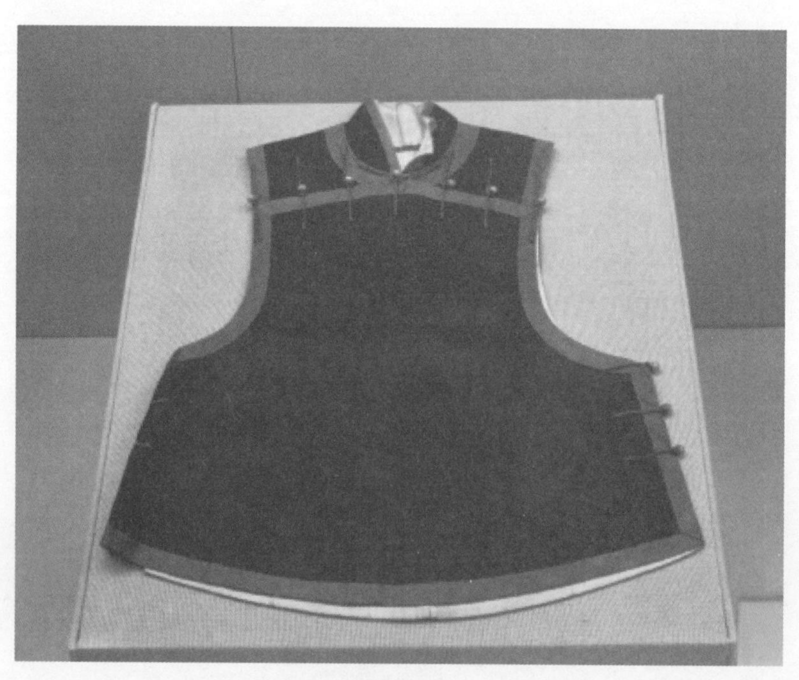

清缎女坎肩

清缎平金银云蝠棉坎肩（沈阳故宫博物院藏）

单、夹、棉、皮四种，清初坎肩较小，多穿在里边；后来较宽，着于袍、衫之外。[1]

2. 马褂

马褂是一种对襟的短褂，但是相比于坎肩有袖子。“马褂”是因为穿着骑马既方便骑射，又能御寒，故而得名。

清初时马褂是士兵的军装，后来才在民间流传开来，具有社服和常服的性质，有“长袍马褂”的说法。马褂的形制是高领、对襟，长及腰部，袖子较短，袍袖可以露出三四

[1] 徐淦金. 满族人的那些事儿［M］. 北京：中国文联出版社，2012：123.

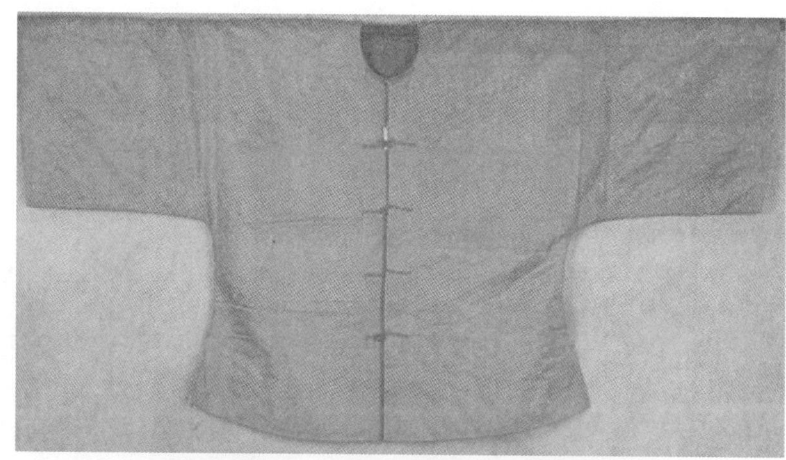

清黄绸团龙人宝棉马褂（沈阳故宫博物院藏）

清末紫色地刺绣马褂

寸，把袍袖卷在褂袖上，就是所谓的大、小袖。[1]

3. 高底鞋

清朝统治者对女子缠足极其反感，禁止满族妇女缠足。

---

[1] 徐淦金. 满族人的那些事儿［M］. 北京：中国文联出版社，2012：123.

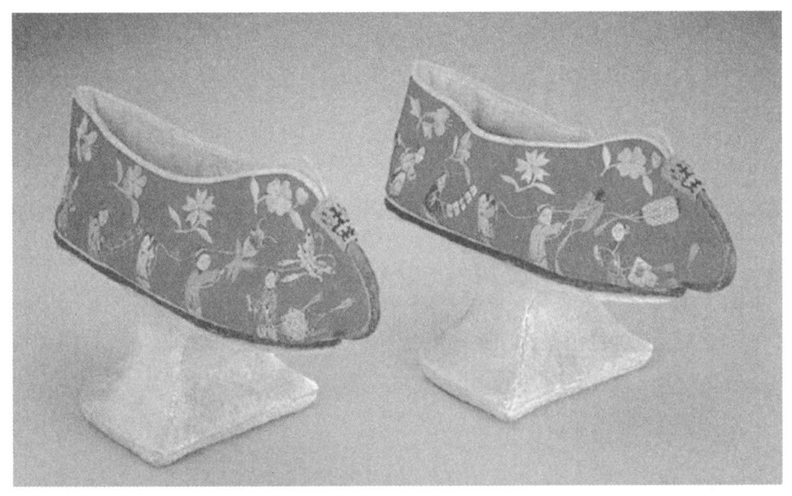

满族“马蹄底”

清红缎彩绣花盆鞋（沈阳故宫博物院藏）

满族妇女也有属于本民族风格的“高跟鞋”，“八旗妇人履底厚三四寸，圆其前，外衣通长掩足”，其形制是鞋底中间高出数寸，高跟装在鞋底中心，中微细，也叫“高底鞋”。[1]满

[1] 李晓巧．满族女子为什么穿“高跟鞋”[J]．养生保健指南，2014（5）：24．

族“高底鞋”的跟的形状一般有两种：一种是鞋跟上敞下敛，呈倒梯形花盆状，称为“花盆底”；另一种是鞋跟上细下宽、前平后圆，其外形和落地的印痕像马蹄印，所以称为“马蹄底”。

穿这样的“高底鞋”的女性多为十三四岁以上的满族贵族中青年女子，由于鞋子底部厚且面积小，以及用力的原因，穿鞋的人走路必须慢且稳当，这样反而显出女性的婀娜多姿、端庄秀美。

4. 发式

旗女梳“两把头”，这种发式原是已婚女子才能梳的，后来也在未婚女子中流行起来。梳这种发式的多是上层妇女

身穿旗袍、头戴大拉翅的清代贵族妇女

典型的“大拉翅”发型

和年轻妇女。后来旗髻不断增高，两边角也不断扩大，上面套戴一顶形似扇形的头板，一般用青素缎、青绒做成，俗称“大拉翅”，这是满族贵族妇女的发式。用时套在头上，不用时取下，通常在头板中央戴彩色大绢花，称为“头正”或“端正花”，并加步摇、玉簪等，也有左右侧各缀一彩色长丝穗的。

满族男性的传统发型是把前颅、两鬓的头发全部剃光，仅后颅留下头发，编成一条长辫垂下。

5. 套裤

不分男女老幼，都可以穿旗袍，但旗袍有面料之别、华贵粗劣之分。马褂一般是有身份地位的富家男子的着装。而套裤无论贫贱富贵，男女老幼均可穿着。其形制一般为两条裤筒，无裤腰和裤裆，裤筒上有固定的带子，可系于腰部。[1]有夹有棉，有皮制也有布制，并有单腿和双腿之分。[2]穿上它既保暖，又活动方便，适于劳动者冬天劳作。

第二节　满族旗袍的文化内涵及审美特征

旗袍服饰不仅是满族人在物质文化方面的伟大创造，而且凝结着中国传统哲学和美学的深刻内涵，也包含着深厚的民族审美心理积淀。旗袍的纹饰艺术就是这种审美心理的外化表现，多层次的民族文化审美趣味是我国传统古典服饰艺术的精髓。

一、文化内涵

满族的旗袍带有浓厚的等级色彩，体现在服饰的花纹和颜色等方面。用不同的图案来代表不同的等级，不同等级的服饰颜色也不同，不能僭越。

（一）服饰花纹

服饰上的花纹是区别等级的重要标志。如天子纹饰的

[1] 徐淦生．满族人的那些事儿［M］．北京：中国文联出版社，2012：124.

[2] 梁科．浅析入关前后满族服饰文化的审美变迁［C］// 武斌．多维视野下的清宫史研究．北京：现代出版社，2013：351.

"十二章纹"，影响久远。十二章纹，是我国古代皇帝礼服和吉服上的一种装饰图案。据《尚书》记载，这"十二章纹"是指日、月、星辰、龙、山、华虫、火、宗彝、藻、粉米、黼、黻，始于虞氏之时。自周朝以来，十二章纹用于皇帝的龙袍或冕服之上，一直传到清朝覆灭。皇帝以服饰上的"十二章纹"表示"至高无上，至善至美"，象征天子"如天地之大，万物涵覆载之中，如日月之明，八方囿照临之内"。男性官服的补子是在外褂的前后心处补一块有纹饰的装饰物，上饰以各种鸟兽图案作为官员品级的徽识。补服始于明朝，清朝《会典》规定，补服图案文武官员的品位为：文官一品为仙鹤，二品为锦鸡，三品为孔雀，四品为云雁，五品为白鹇，六品为鹭鸶，七品为紫鸳，八品为鹌鹑，九品为练

清平金银狮子补子（一对）（来自沈阳故宫博物院）

雀；武官一品为麒麟，二品为狮，三品为豹，四品为虎，五品为熊，六品为彪，七品、八品为犀牛，九品为海马。补子的采用是男子袍服装饰性和标识性增强的有力证明。

为弥补本朝典制的不足，清代的冠服在衣服的颜色和纹样上主动吸纳了很多的汉族服饰特征。如天命六年（1621年），努尔哈赤下令仿效明朝服饰制度，制定后金官员的补服制度，规定："诸贝勒服四爪蟒缎补服，都堂、总兵官、副将服麒麟补服，参将、游击服狮子补服，备御、千总服绣彪补服。"[1]这些补服上的纹样，明显就是直接取之于明太祖朱元璋洪武二十四年（1391年）定制的官员品服上的纹样。

龙凤图案在清代依旧为帝后所独尊，龙凤相配帝后相融，朝纲方能不乱。不过，清代皇帝服装上的团龙纹数量最多为八团，而非明代最多的十二团，两肩的团龙皆为正龙而非明代的行龙，但团龙纹的分布位置及形式都非常一致，表明很大程度上借鉴效仿了明代皇帝的服装形式。清初皇帝曾经使用的四团龙和团龙朝袍在清代中后期皇帝的服装种类中消失得无影无踪，具有鲜明的明代服饰特色的团龙纹逐渐在清代服饰纹样中衰退，只保留在皇帝衮服和后妃吉服等少量类别的服装中。这说明，清初在多类服装上较全面地承袭了明代的团龙纹形式，只是后来随着清统治者逐渐完善服饰制度，并特意强化自身的民族服饰特色，明代服饰的影响力逐渐减弱。"总的看来，清政府所制定的服制，既保留了汉族服制的某些特点，又不失其本民族的习俗礼仪。例如，以中国传统的十二章纹作为衮服、朝服的纹饰，以绣有禽兽的补

[1] 溥杰．满文老档（下）[M]．北京：中华书局，1990：217.

清皇太极黄色团龙纹常服袍（来自沈阳故宫博物院）

清初期黄色八团彩云金龙妆花纱袷袍

清明黄纳纱五彩金龙夏朝服（沈阳故宫博物院藏）

子做为文武官员职别的标志，金凤、金雀等纹样做为后妃、命妇冠帽、服装上的装饰，而废弃了历代以衮冕衣裳为祭服及以通天冠、绛纱袍为朝服的传统制度。”[1]

（二）服饰色彩

服饰色彩有尊卑贵贱之分，黄色与皇权的对应关系始于元代，明代将黄色禁忌进一步扩大，官民一律禁用黄色。明清两代，黄色成了皇权的象征，宫廷中男性官服主要使用颜色为：皇帝的服饰使用明黄色、蓝色、月白色、红色；皇子的服饰使用金黄色；皇孙、曾孙的服饰使用蓝色或石青色；亲王、郡王、亲王世子的服饰颜色除了金黄色外，可随意用

[1] 陈茂同. 中国历代衣冠服饰制［M］. 天津：百花文艺出版社，2005：226.

清乾隆黄缎织锦八团云袷夹袍

色；其他人等的服饰则使用石青色或者青色。在宫廷中，女性官服主要使用颜色为：皇太后、皇后的服饰使用明黄色；皇贵妃、贵妃、妃的服饰使用金黄色；嫔以下的服饰使用香色；格格以下至三品命妇的服饰颜色使用蓝或者石青色。[1]

二、儒家文化影响下的审美特征[2]

由于儒家思想始终贯穿于中国传统文化的全过程，所以中国的传统文化服饰也不可避免地受到儒家文化的影响。旗袍在发展过程中也打下了儒家文化的烙印，从而显示出一些

---

❶ 王雪娇. 满族服饰刺绣的色彩与图案研究［D］. 沈阳：沈阳大学，2014：12.

❷ 参见：汤新星. 旗袍审美文化内涵的解读［D］. 武汉：武汉大学，2005：20–25.

独特的审美风格特征。

（一）受儒家文化等级思想的影响，满族旗袍在发展过程中以繁缛富赡为美

中国服饰审美文化的形式美特征，是礼乐文化的鲜明物化形式。服饰的形制、颜色、纹饰、佩饰等，包含着“礼”的服饰内涵和等级观念，使“礼”能够被外化和感知。例如，由服饰颜色构成的等级序列，成为封建社会森严等级的鲜明标志。封建社会正是通过服饰审美文化直观可感的鲜明等级标志，使每一个社会成员各处其位、各司其职、安分守己，从而使整个社会“贵贱有级，服位有等”，秩序井然，不存犯上之念。

一方面，统治阶级所倡导的儒家文化，也赋予了满族旗袍诸多的审美内涵。在传统旗袍的设计方面体现出统治阶级的观念和政治态度。繁缛、富赡的审美心理一定程度上反映了统治阶级的迂腐保守，以及审美心理的滞退、盲从。另一方面，由于强权政治的精神压迫，劳动人民的创造性和智慧无法在服饰的样式和颜色中有所突破，便在繁缛的细节中体现出来。清代旗袍的图案、纹饰都有特定的象征意义，从而起到“严内外，辨亲疏”的作用。在这样的社会形态中，服饰的形式不得不从属于服饰等级的需要，从而维护社会的尊卑贵贱。至咸丰、同治年间，旗袍的刺绣纹样达到顶峰，整件衣服全部用花边镶饰，几乎看不到原来的衣服材料。清代皇族、皇戚和命妇的冠服都有各自详尽的规定，旗袍的审美价值已经逊于其等级标志的作用。旗袍的装饰重点在于绣、绲、嵌、盘的堆砌，其精美绝伦的刺绣工艺和复杂的镶绲技

巧至今令人叹为观止。旗袍造型硬朗、平直，重视图案而不强调人体曲线。虽然衣服以人体为形成基础，但人体并不能决定衣服的样式。

（二）受儒家文化中庸思想的影响，满族旗袍在发展过程中以温柔敦厚为美

满族旗袍的造型符合中国古代服饰的总体特点：平稳、硬朗而单纯。它的线条平直，手臂平伸后与身体的直线形成垂直的交叉，这种基础的形式显得尤为实在和稳定，中国历代的服饰都是以这种十字交叉的主干线条为基础的，也显示出实在、稳定的特点。传统旗袍造型的另一个明显特征是宽松，由于中国人热爱自由和平，因而服饰也显得异常宽松和流畅，没有尖锐的棱角，平滑而柔顺的线条，毫不刺激与抢眼，令人感到舒心和自然。

（三）受儒家文化求同思想的影响，满族旗袍在发展过程中以程式单一为美

中国传统服饰着装重视群体意识，不强调个性效应，所以旗袍以程式单一为美。在这个非自主的时代，传统儒家文化力求以那些封闭保守的衣裙来塑造传统女性温顺、娴静的性格。旗袍作为中国的传统服饰之一，不可避免地受到儒家传统文化求同思想的影响，不求异于他人，服饰式样等方面没有太大的变化，比较单一化，这也在一定程度上反映了清朝较为森严的思想和政治环境。

清湖色香云纱绣蓝团寿女单袍（来自沈阳故宫博物院）

第三节　满族旗袍的服饰图案

纹饰是中国服饰文化中必不可少的要素，是传统符号的化身，最早出现在我国的青铜器时代，对青铜器艺术的发展起到了重要的作用。在青铜器纹饰的演变过程中，纹饰主要有饕餮纹、人面纹、龙纹、凤鸟纹、波纹、羽纹、蛟龙纹、象纹、鹿纹等，每一个纹饰都寓意颇深，它们的演变过程显示了中国文化从原始向理性演化的逻辑进程，配合了中国上古和谐意识形态演化的一些规律。青铜时代纹饰的发展，具有时代的象征意义和原创艺术风貌，在造型与设计方面对现

缎绣花蝶海水江崖纹女褂

代图形艺术和服饰纹饰有着重要的启迪作用。早期的旗袍正是借鉴了青铜器时代纹饰的独特造型与设计风格，满族旗袍常见的纹样有龙、凤、祥云、鱼、蝴蝶、梅花、兰花、菊花、牡丹花等；纹样之间或绕，或穿，或并齐，组合出式样繁多的图案。[1]

旗袍上的图案纹样题材涉及十分广泛，风格千变万化，并且蕴藏了诸多美好的寓意，反映了人们对美好生活的憧憬。旗袍上的图案纹样主要集中于袖子、领子、下摆等位置，常见的图案纹样包括山水、动物、植物、吉祥文字等，不同图案纹样蕴含着不尽相同的寓意，呈现出浓厚的中国民

---

[1] 李倩. 旗袍内在审美文化特征的解读［D］. 郑州：郑州大学，2014：24.

族特色。[1]从服饰图案上看，旗袍从繁复华丽到简约素美的转变，其中蕴含着的历史文化价值为其增添了另一种审美意蕴。

一、旗袍的服饰图案类别[2]

（一）吉祥图案纹饰

吉祥图案纹饰是一种具有极强的民族文化特征的装饰性

清湖色罗绣平金万福寿如意女单袍（来自沈阳故宫博物院）

❶ 王红卫. 中国民族服饰旗袍研究［J］. 中国民族博览，2019（8）：163.

❷ 参见：刘春伶. 古典旗袍的服饰图案研究［J］. 大众文艺，2019（8）：68–69.

图案，也是一种具有美好寓意的装饰性图案。它主要运用谐音、含蓄等手法加以设计，且它的实用性在与旗袍的相互结合的过程中衍生出了多种不同的图案形式。以织花、印染、刺绣、烫等多种手法表现各种灵兽纹样、植物纹样等，高度写实还原，形象生动，栩栩如生。

古典旗袍中以龙凤等灵兽图案纹样为装饰性效果的旗袍是典型的东方民族性韵味的服饰特征之一。龙纹与凤纹在

清草绿色罗万代福寿纹单袍（来自沈阳故宫博物院）

旗袍中的应用较为广泛，在形制和造型的表现方面多雍容大方，尽显威仪之态，典型的凤纹服饰图案一直是女性旗袍所偏爱的装饰类型，孔雀、喜鹊、鱼等其他吉祥动物图案使用相对较少。龙纹与凤纹的高雅与精致借助中国传统纺织技法，其中如织锦最为精致华丽的纬三重纹织物，通常用浸染好的彩色经纬线及斜纹花纹为组织，其在纹理的表现方面更突出质感和形态，因而沿用古法，使得龙纹与凤纹形式图案更具真实感。除了龙凤之外，还常以鸳鸯、蝴蝶等为旗袍袍身点缀，通常不是大面积的绘制，而是在旗袍袍身与草木相辅相成，或者在袖口、裙摆处做点缀装饰之纹样。总体来

清石青绸绣金龙女褂（来自沈阳故宫博物院）

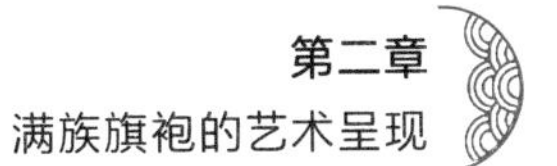

清蓝色地纳纱绣牡丹纹单吉服袍

说，不论是龙凤图案纹样还是其他灵兽吉祥纹样，都使得满族旗袍尽显雍容华贵之态。

植物图案纹样同样是满族旗袍制作与发展过程中常用的形式。植物图案纹样主要以花卉为主，常见的有牡丹、菊花、梅花、荷花等。其形态饱满、叶蕊细密，尽显灵气。

以菊花图样纹饰为例，经常会以“折枝花”为构图形式呈现在深色底纹旗袍上。折枝花保持了生动的结构外形和灵动的生长形态的美感形式，起兴于宋，沿用至清，并对当代旗袍设计有着深远的影响。从宏观整体来看，或花团锦簇或圆润饱满，从细节处观察，花瓣、花蕊、花托等勾勒细腻精巧，入木三分。在整体布局上也十分考究，小花与枝叶相互映衬，稀疏之间体现出满族旗袍中传统写实图案纹样中规中矩、无章之相的特征。此外，还有以梅花、兰花为图案装饰袍身的纹饰。梅花素有“五福花”之称，多配以喜鹊栖于枝头，以求喜上眉（梅）梢之意。兰花在古典旗袍中的应用较少，图案形制主要以单独成纹的图案造型呈现。总之，植物图案纹饰从古至今一直是旗袍袍身设计的主题，不论是缠枝花纹还是梅兰竹菊，其写实化表现风格赋予古典旗袍特有的美感和民族文化内涵。

清黄绸彩绣竹梅镶边氅衣（来自沈阳故宫博物院）

清嫩绿直径纱花蝶单袍（来自沈阳故宫博物院）

（二）几何图案纹饰

古典旗袍主流图案纹饰表现方式是以具体的形象将实物再现，从而直观地体现出形态和细节，以及其中蕴含的民族文化内涵。抽象化图案纹饰主要是对事物、景物等进行几何化变形和组合，表现出模糊化的印象和感觉，几何纹样则是典型的代表。它一方面受中国写意绘画风格的影响，另一方面受中国传统的纺织和编制艺术的影响，这样使几何图案纹饰在古典旗袍中的运用变得委婉、含蓄。

祥云是几何图案纹饰的代表，作为祥瑞的象征一直受到贵族阶层的青睐，它不仅经常出现在雕刻与绘画当中，也被用来增添服饰的美感。祥云图案在早期满族旗袍中并不多见，随着清朝建立，受汉族文化的影响，祥云图案纹饰在旗袍袖口、领口、裙摆以及袍身绘制龙凤时用以点缀，它的线条卷曲流动，纹理相互交叠，错落有致。

塑造性和流动性是几何形图案的特点，从最基本的点、线、面出发构成多维视角的图案形状，这样的特点给旗袍增添了文化可读感。线形简单直接，满族旗袍多在领口、袖口

清湖色香云纱彩绣藤罗女单袍（来自沈阳故宫博物院）

等处用刺绣手法改造成精美的花边，成为体现精美奢华的装饰性纹样。而民国时期的旗袍改制，纯粹的线性形态特征成为表现自然简约之美的图案，常表现为以“点”为中心进行线条铺陈并逐步在变化规律中抽象出线性视觉，所产生的视觉冲击和张力十分强劲。

弧形图案纹饰也是满族旗袍偏爱的纹样之一，它能够以不同的组合方式构造出相互映衬的图案，从单一视角观察时只是一组图形形态，但是从另一视角来看，会发现错落之间可以演变出抽象的造型。满族旗袍在弧形图案纹样的绘制上，以传统手工绣法为基础，在袍身多以表现局部区域为主，弧线与弧线之间相互构建，或形成左右对称的蝴蝶纹样，或形成圆润饱满的叶状图形，给人留下丰富的想象空间和视觉感受。在满族旗袍中，几何图案纹饰不仅是单一形式抽象化，而是将多种形状进行叠加归纳，通过点、面、线构建出大小、方圆、长短、曲直等具有多种效果的纹样，以表现出动静、疏密、错落的艺术张力。

此外，还有菱形、网格形等，它们主要是以抽象形态表现出来，在交叠反复中作为辅助性纹样加以修饰，这种印象化、归纳化的抽象化纹样处理方式，将原本死板硬朗的几何造型演变成灵动、富有生气的纹样，增加了旗袍的艺术特质。

总之，满族旗袍在几何图案纹饰的运用方面中规中矩但却不乏唯美质感，而由于中华文化的内隐性，相比于具象化图案纹样的直观性和细节化重现，则更需要我们从多重视角进行端详和揣摩。从另一视角看，这正是满族旗袍为何具有写实美与形式美的重要缘由所在，也为民国旗袍在线条方面的大胆运用和拓展提供了素材来源。

二、图案纹样[1]

满族旗袍的图案大致可以分为早期和晚期。早期图案图形简单，带有浓厚的宗教气息，具有很多的民族特色，可以从民族服饰图案上考察北方民族的共有特点。晚期图案是从金代女真人进入中原开始，“一代风度自辽金”，金上京出土文物的图案有龙、凤、鹤、鸳鸯、菊花、梅花、忍冬花等，说明女真人贵族审美观念与汉族的沟通程度。[2]入关以后，满族长期与汉族杂居，服饰图案上有不同程度的演变。在民族意识逐渐明晰的状态下，民族图案也渐渐充实了，逐渐形成民族的风格与特点。日常服饰图案逐渐以虫草为主。礼服的图案则是借鉴前朝的礼服图案，以龙蟒和其他动物形象作为官位等级的标志。从旗袍图案图形的统计中可以看出，满族女子旗袍的图案中出现大量的南方花草图案，其他昆虫的形象也陆续出现。随着人类文明的进步和社会的发展，图案渐渐吸收了汉文化和西方文化，各地文化互相渗透，互相影响。[3]自入关以后，满族旗袍上的图案也逐渐出现了汉族的吉祥图案，比如福、寿、卍等。满族与汉族杂居，对旗袍上的色彩和图案都有所影响。从史料中，我们可以看出满族服饰的艺术风格是以俗为雅、深沉简单、豪爽质朴，宫廷服饰则体现出华丽尊贵、绚丽夺目。

---

❶ 参见：王雪娇．满族服饰刺绣的色彩与图案研究［D］．沈阳：沈阳大学，2014：17–26．

❷ 袁仄，蒋玉求．民间服饰［M］．石家庄：河北少年儿童出版社，2007：24．

❸ 陈娟娟．中国服饰史［M］．上海：上海人民出版社，2003：524．

19世纪中期红地夔龙寿字纹缂丝吉服袍

满族旗袍图案的总体特点表现为：以天然植物纹样为主，动物为辅；以写实形象为主，神话传奇形象为辅；以天地云海为主，人造器物为辅。按照这样的思路来看，能够推出满族是一个以自然为神明，以自然为神圣，崇尚自然又依赖自然，具有强烈宗教信仰的民族，所有吸纳引入的图案图形都是以体现这个信仰为宗旨的。所以，满族人对自然的描绘都注入了深深的感情，也将这些自然的图案融入了旗袍当中。

中国传统服饰上的图案纹样主要分为龙凤、珍禽、瑞兽、花卉、虫鱼、人物、几何等几大类。满族旗袍上的图案纹样有：云水纹、四君子、龙蟒、蝶草纹、暗八仙、补服图案、如意云头纹等。在宫廷旗袍的图案配比上也非常讲究。

清红暗云鹤江绸女夹袍（来自沈阳故宫博物院）

（一）“四君子”纹与牡丹纹

“四君子”是中国人经常说的四种植物——梅、兰、竹、菊，“四君子”即是对这四种植物的统称。“四君子”是气节崇高的象征，经常作为画中的题材，也是代表四季（春兰、夏竹、秋菊、冬梅）。

梅花，剪雪裁冰，一身傲骨，与松、竹并称“岁寒三友”。梅花在寒冬盛放，它象征着和平、长寿、幸福。它没有玫瑰般的温柔芬芳，也没有牡丹般的雍容华贵和仪态万千。它盛开时不是一朵，而是一群。它一团一簇，给在深冬初春里欣赏它的人以温暖的感觉。

兰，姿态优美，品行高洁。古人认为兰花是君子的象征，经常用佩兰来比喻隐逸之人或品德高尚的人。兰花与水仙花、菊花、菖蒲合称“花草四雅”，兰花在四雅之中居首位。古人把至亲的好友称为“兰宜”或者“兰友”，把好的文章称作“兰章”，所以兰花也是美好事物的象征。除了这

清品月绸绣淡彩墩兰夹衬衣（沈阳故宫博物院藏）

些象征，古人认为兰花有辟不祥的作用。

竹，筛风弄月，潇洒一生。竹子代表重节、重信，经常被誉为君子的象征，它与松、梅合称冬季三大吉祥植物、“岁寒三友”。对于画竹，郑板桥写下了“眼中之竹、胸中之竹、手中之竹”，形象地说明了生命与艺术的融合和作画的全过程。竹子对于学者、文人来说意义极大。有些高大的竹子受人崇拜，甚至被奉为生命之“树”。竹子有着不一般的意义，在中国传统文化里，它象征顽强的生命，而空心结构特征代表虚怀若谷的品质，笔直不易折的竹竿有枝弯不折的特点，象征做人要柔中带刚的特点。竹子还有民俗意象，例如“竹报平安”。在画中，如果竹子与梅花、喜鹊一同出现，

清黄绸绣三兰竹枝棉袍（来自沈阳故宫博物院）

则意味着渴望爱情长久，有幸福美好的寓意。

菊，凌霜自行，不趋炎附势。菊花是人们喜爱的名花，它有三千多年的栽培历史。菊花与菊花叶的形态变化极其复杂，菊花的品种也很多，它的芳名也多。古往今来许多人钦佩它的高雅，菊花因此被视为清雅洁身的象征。深秋后，百花凋零，只有菊花霜中争艳，经过严霜之后才绽放开花。这种特性也许就是世人所欣赏它的懂得凌霜自行、不趋炎附势的高雅品质。

以上这四种植物就是传统文化中所说的“四君子”，它们对中国文化发展具有重要的影响，对树立文人墨客的人格魅力也起到重要作用。“四君子”纹样是与“碟草纹”同时存在的纹样，“四君子”纹样成为旗袍刺绣中常见的图案，丰富了满族旗袍图案的题材，扩大了满族人民的审美领域。它们不仅仅本身具有自然美，而且由于它们会使人联想到人的品格，所以

带有菊花图案的旗袍纹样

无论旗袍刺绣图案还是书画作品中，“四君子”题材经久不衰。

满族人充分发挥惜花的天性，为自己的旗袍服饰上刺绣“四君子”。“四君子”本是汉族文化中文人常用在画上的题材。入关之前，满族人一直生活在北方，生活中少见梅、兰、竹、菊，所以“四君子”是满族吸取汉族文化的典型例子。而满族人接纳“四君子”作为服饰上的图案也与满族人崇拜自然神灵有关，表现了他们对美好事物的向往，由此也可以看出满族人民的智慧。

除了“四君子”，牡丹作为“百花之王”在满族的旗袍纹样中也较为常见。牡丹艳丽妩媚、雍容华贵，寓意吉祥美好，牡丹花纹样一般比较写实，枝、叶生动，色彩依附于旗袍的整体色彩，可清新雅致，也可鲜艳夺目。

清乾隆红地团花纹缂丝女吉服袍

（二）龙蟒

一提到龙蟒，人们自然会想到至高无上的皇权。龙一直被视为中华民族的吉祥图案，也只有天子的服饰才能使用龙的图案，龙代表威严的权力，也是尊贵的体现。龙是一种传说中的动物，形象虽然是虚构的，却植根于生活，是集中了中国动物特征的一种形象，相传是神灵的化身，是具有神性的一种动物，因而受到人们的顶礼膜拜。最初，它作为一种图腾出现，但随着历史的发展和推进，这一艺术形象被统治者们神化，被视为权力的象征。所以龙的形象一直专用于皇室服饰、建筑、旗帜等。[1]

清乾隆黄地缂丝龙袍

[1] 戴平. 中国民族服饰文化研究［M］. 上海：上海人民出版社，2000：111-113.

关于龙图案，五爪为龙，四爪为蟒。清代龙蟒的头、火焰有所不同，皇帝赐予臣子穿的龙袍挑去一爪可穿。龙的图案可分为正龙、升龙、团龙、行龙。正龙为皇上专用的龙纹样，龙头直视前方，龙身绕踞盘坐，象征着江山的安定和天下太平。升龙是“飞龙在天”的意思，是正龙的一种，是皇子和皇后专用的，龙的头部朝上，身体在下。团龙又称“盘龙”，以侧身龙出现于适合的图案中，象征着守护财富。行龙也称走龙或游龙，以行走或飞翔的姿态出现，用在边缘的称之为“跑龙”，寓意忠诚。

清月白芝麻纱团龙纹镶边单袍（来自沈阳故宫博物院）

（三）云水纹

海水、江崖是自然景物，如果把它们画成图案则非常具有装饰性，这些图案也成为满族旗袍刺绣图案的一大种类。水、云、山崖、动物、器物同时出现在一个场景上，可以说是一种极其宏大的组合。清代的云纹、水纹图案被称为“五彩祥云、五色纷纭、天下太平、海水江涯、八宝平水”，形象千变万化，十分丰富，特别是最高统治者的旗袍图案更是具有深刻的含义：苍天大地，江河湖海，尽在最高统治者的统治之中。[1]云纹、水纹图案在旗袍等服饰上的应用与清代以前相比，变得丰富而大胆。

清蓝色刻三蓝云龙单袍（来自沈阳故宫博物院）

[1] 曹霞. 晚清满族云纹、水纹图形研究［J］. 美苑，2007（5）：89-90.

水纹，即“水波纹”，又称“波浪纹”“波状纹”等，是一种传统的装饰纹样，形似水流动的形态。一个水纹图案又可以分为弯立水、直立水、立卧三江、立卧五江、全卧平水等。如此绚丽的条带纹样装饰，使得旗袍在摆动时形成十分华丽的曲线，非常漂亮。排列有序、规律、均匀、整齐的水纹图样，在浪花翻滚的漩涡中出现海洋中的鱼、海螺等水中动物，生动活泼。八宝平水、八宝立水，以独特别致的形象出现在人们面前，海水簇拥着寿山，波涛翻滚，浪花飞溅，以平斜线、曲线、竖斜线、波浪线、螺旋线等线性的形式和结构，创造出抽象的美感。

云纹是一种不同深浅层次、过渡自然的纹样。中国人崇拜龙，认为龙只有在云海间活动才是活龙，所以清代旗袍中经常将龙的周围绣以云纹。云纹图案优美，故也称“祥云”，形态似飞鸟，因此称为“瑞雀”，是古代吉祥的图案，象征高升和如意，应用较广。云纹有五彩祥云、行云、卧云、七巧云（拐子云）、四合云（四个如意形组合）、杂云（骨云）、海水江崖云等多种类型。有自然而多变的云朵形成的独立形；有多个云朵连接在一起，由一个主线引导着，以各种姿态展现出来的自由式。[1]云纹的四周踞虎盘龙，大概是取神兽警示之意。云纹经过时代的发展逐渐演变，云的图案变化丰富，不同时期的纹样都展现着不同的时代风貌。云纹寄托着北方初民翔飞天宇的憧憬与美好理想。

云纹具有多变的性质，要在图案中独立成形，就需要人工的美化和创作。有的云纹云朵重叠出现，有的云纹大圈套

[1] 曹霞. 晚清满族云纹、水纹图形研究［J］. 美苑，2007（5）：89-90.

清乾隆明黄缎绣云龙纹吉服袍

小圈，既有层次感又有空间感，由此可见，满族旗袍上的纹样都是并置在一个平面上的，如果想要体现出立体的、具有丰富层次感的效果，就需要通过色彩的改变和线条的起伏变化来实现，这样就使旗袍纹样有了远近虚实的视觉效果。

满族旗袍中还有一种纹样叫“云呼水应”，也属于云水纹的一种。五彩祥云出现时，必有八宝平水呼应，这是云水纹的一大特征。[1]五彩祥云根据空间位置和角度的不同，形象丰富自由而又准确，造型各异，富有个性，可谓千姿百态、多姿多彩。有的云纹和水纹的造型简单，有的云纹和水纹是以渐变的形式出现的。“云呼水应”特别在帝王、官宦、

[1] 曹霞. 晚清满族云纹、水纹图形研究［J］. 美苑，2007（5）:89-90.

清红色地团花海水江崖纹女吉服

贵妇人所穿的旗袍上最具有代表性。[1]皇帝龙袍上的图案就以龙和云水纹为主体，在云水之间，龙才有活力、有灵气，才能展现气势磅礴、气势宏大的感觉，这样也赋予了龙袍更多的意义。通过云水纹图案在各个方面展现出来的艺术特点和艺术功能，我们可以感受到满族文化、思想及审美意识的变化，有利于对满族文化历史的发展有一个更全面的认识，也有助于理解出现在现代人服饰上的一些图案元素。

（四）蝶草纹

蝶草纹是满族旗袍刺绣中应用最广泛、最普遍的纹样形

❶ 曾慧洁．中国历代服饰图典［M］．南京：江苏出版社，2002：199．

象。蝶草纹是与梅、兰、竹、菊“四君子”同时存在的一种纹样，是纹样图案中常常表现的题材之一，这种纹样多出现在皇家女性和贵族女性的旗袍上，甚至少数男性旗袍也采用这种图案。蝶草纹被运用到旗袍服饰上，可谓彩蝶群飞，让人感到应接不暇。这种装饰方式总是有一种超乎寻常的神秘力量，从目前的文献史料中，可以查证到大量使用蝶草纹的依据，金人头戴的额头巾上已经开始织绣蝶草纹的图案，这种纹样的造型极其生动。

清代以前，蝴蝶纹样大多是作为辅助纹样出现的，因此它的形象较为简单，普遍采用对称的造型，其表现手法不

清代品月缎彩绣折枝桃蝶夹衬衣（沈阳故宫博物院藏）

多，几乎只是几笔带过，目的是为了平衡画面。到了清中晚期，蝴蝶纹样大量出现，晋升为主体装饰纹样，呈现百蝶装饰的风格。清代的蝴蝶与前代相比，注重写实，形态自然活泼，色彩非常丰富，装饰旗袍时通常与花卉、草木相配合。[1]

满族旗袍上的蝴蝶基本上都是以写实、自由、平衡的形态出现的。蝴蝶在花卉、草木间自由飞舞，样子惹人怜爱，那种舒适、自在的感觉也令人向往。人们观察自然中蝴蝶的形态，把它们描绘下来运用到旗袍的图案中，寓意美好，象征自由。

满族旗袍纹样——蝶草纹（吴思　摄）

[1] 韩楚彤. 浅谈晚清女装中蝴蝶纹样的造型特征［J］. 中国民族博览，2015（9）：158-159.

从图案的形象上看，蝴蝶比其他昆虫的图案更适合满族旗袍的风格。蝴蝶那自由自在飞舞的形象，有时用对称的手法绣在领口或门襟处作装饰，有时将抽象的蝴蝶图案运用在底摆与侧缝拼接的夹角处，有的蝴蝶纹样将蝴蝶与花纹以旋转的方式放在一个圆形或方形中。[1]还有一种满地式的装饰，或者将蝴蝶纹样做成暗纹，绣于旗袍之身，或做成明纹，借助刺绣工艺，将各种形态的蝴蝶与花卉融合，使人仿佛置身于彩蝶萦绕的花海。

（五）暗八仙、八吉祥和杂宝纹

“八仙”是中国民间传说中广为流传的八位道教神仙，满族在与汉族交流、融合的过程中，逐渐吸收了汉族一些神话传说中具有美好寓意的事物为自己所用。暗八仙也是一种满族旗袍中常用的纹样，是以八仙手中所持之物（汉钟离持团扇，吕洞宾持宝剑，张果老持鱼鼓，曹国舅持玉板，铁拐李持葫芦，韩湘子持箫，蓝采和持花篮，何仙姑持莲花）组成的纹饰，寓意长寿、吉祥。因为是以八仙手中所拿法器组合形成的图案，未出现八仙本身，所以称为“暗八仙”，又可称为“道家八宝”。与“佛家八宝”不同，“道家八宝”指八仙所持的八种法器，用其代表八宝，既有吉祥寓意，也代表万能的法术。应该说“道家八宝”的主要功能与“佛家八宝”大同小异，代表了佛、道两家各自不同的境界与追求。“佛家八宝”又叫“八吉祥”，是指法轮、法螺、宝

[1] 韩楚彤. 浅谈晚清女装中蝴蝶纹样的造型特征［J］. 中国民族博览，2015（9）：158-159.

伞、白盖、莲花、宝瓶、金鱼、盘长结。还有一种杂宝纹，这种纹样可以选取的事物特别多，如犀角、银锭、宝珠、火轮、珊瑚、书籍、笔等，由于这些纹样在选取宝物时没有规则，故称“杂宝纹”。这些纹样都源于中国的传统文化，是象征富贵、寓意吉祥的图案，也是满族旗袍中常见的图样。

（六）补服图案

补服在明朝时开始出现，因前后各缀有一块“补子”，用以区别官职差别，故称“补服”。补服图案有方形的或圆

19世纪蓝色地暗八仙纹刺绣马甲背面

清代红色地八团暗八仙吉服

形的，可以独立存在。除了官服之外，满族女子旗袍上也有这种独立的图案，围绕在肩背处。补服的前胸和后背点缀的补子通常是用金丝和金线绣成的。文官绣禽，以示文明；武官绣兽，以示威猛，各式各样的补子图案均有规定。清代补子的纹样如下：文官一品仙鹤，二品锦鸡，三品孔雀，四品云雁，五品白鹇，六品鹭鸶，七品鸂鶒，八品鹌鹑，九品未入流练雀，都御史、御史、按察司各道獬豸；武官一品麒麟、二品狮子，三品豹，四品虎，五品熊，六品彪，七品、八品犀牛，九品海马。❶补服主体图案的周围经常会绣一些蝙蝠，用蝙蝠作辅纹或边饰。因为"蝠"与"福"同音，所以蝙蝠自古以来就被当作福气、幸福的象征。红色蝙蝠表示

❶ 曾慧. 满族服饰文化研究［M］. 沈阳：辽宁民族出版社，2010：94–95.

清石青暗团龙江绸补服（沈阳故宫博物院藏）

“洪福”，再配以祥云，寓意“洪福齐天”。

清代使用的补服与明代有很大区别，主要体现在动物与云水形象的组织构成形态上。明代补服图案有很大的文人画气息，而清代的补服图案则整体倾向于表现装饰性。

（七）如意云头纹

云头纹又称“如意云”，其形状犹似下垂的如意，是一种典型的云纹装饰纹样。如意，寓意吉祥、称心和美满，它几乎涵盖了所有人们祝福、祈愿时的美好情感和愿望。如意云头纹不仅装饰于服饰，还广泛地装饰在瓶、罐、壶等器物的肩部，也称“云肩纹”；也有装饰在盘、碗内心部位的，称作“垂云纹”。自宋代起，如意云头纹便出现在建筑上，与瓦当、栏杆、门窗形影不离；云头纹还经常出现在景德镇的青花和青白瓷上。明清时期，如意云头纹发展到鼎盛期。

如意云头纹是清代比较流行的一种装饰图样。满族人喜欢在衣领、衣襟开口处用各种彩织、绣缎带镶上如意云头的造型，以便增加旗袍的装饰变化和色彩变化。如意云头纹图案，集中体现在朝中命妇在大典、庆贺、拜官时所用的旗袍等服饰中。它作为陪衬主纹的装饰，层次分明，疏密有致，可以说形式与内容骈美，受到清代广大女性的喜爱。[1]后来这种图案还广泛运用于云肩、鞋、帽等服饰配件中。

如意云头纹（来自中国传统文化艺术网）

[1] 梁惠娥，胡少华. 清代女性服饰中的如意云纹［J］. 丝绸，2009（12）：50-52.

（八）“卐、卍”字纹

随着古代印度佛教的传播，“卍”字也传入中国，这个字原来的意思是“吉祥的云象”，就是呈现在大海云天之间的吉祥象征，后来发展为寓万德吉祥之意，应用极广。“卐、卍”字纹既含有文字的特殊含义，同时兼具几何图案的形式美，在众多图案中独树一帜。

“卐、卍”字纹在满族旗袍服饰中的边缘式图案一般是形式流畅、造型简化的“卍字曲水”“江山万代纹”“团寿纹”

清藕花缎暗万福寿夹衬衣（沈阳故宫博物院藏）

等。[1]此外，还有独立式的“卐、卍”字纹，有的独立地出现在服饰前襟的中间，有的与其他纹样组合之后形成对称分布；有的遍布整件服饰，有的分布于领襟周围、肩部、披领、裙摆等处。

三、小结

总体来说，满族旗袍刺绣上图案的寓意多是美好、富贵、如意、吉祥的，这其中饱含着人们对美好生活的向往和憧憬。图案纹样将人们的这些美好愿望和憧憬外化出来，或者说图示化、符号化，一个图案代表了一种含义。[2]事实上，图案与其寓意是紧密结合的。可以说，图案本身隐含了文字信息，是一种具象化的文字，将文字所表达的含义通过图像的形式展现出来。含有吉祥寓意的图案纹样在民间广为流传，基本上达到了“图必有意，意必吉祥”的程度，而这些纹样表达吉祥含义的方法主要有以下六种。

（一）象征法

象征法是传统图样中最常见的一种表现手法，根据事物之间的某种联系，借助某物的具体形象（象征体），以表现某种抽象的思想内容，取其比较吉祥的寓意，希望拥有这些事物的人能够如意吉祥。例如人们借用石榴多籽这一形态寓意多子多孙；以鸳鸯偶居不离这一习性表现爱情专一，寓

❶ 陈珊，刘荣杰．清代宫廷服饰中“卐、卍”字纹的布局与审美及其设计应用［J］．丝绸，2019（11）：83-84.

❷ 刘小萌．八旗子弟［M］．福州：福建人民出版社，1986.

意有情人能够结下好姻缘。还有以花瓶、麦穗的组合象征平安的“岁岁平安”；以鹌鹑、菊花和落叶组成的“安居乐业”等。

清红江绸暗云鹤镶边女棉袍（来自沈阳故宫博物院）

（二）假借法

假借法是指假借民俗中喜欢的事物表达某种吉祥的含

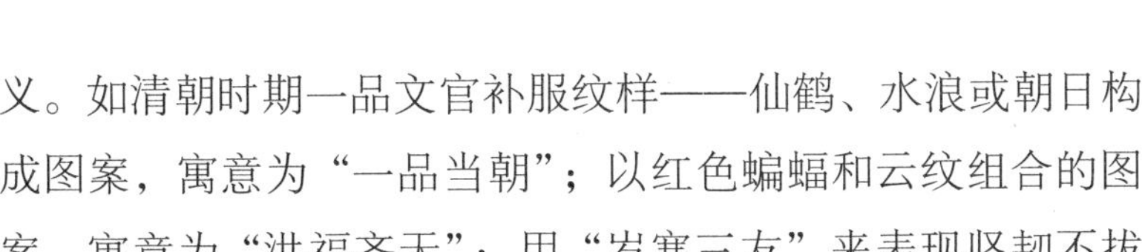

义。如清朝时期一品文官补服纹样——仙鹤、水浪或朝日构成图案，寓意为“一品当朝”；以红色蝙蝠和云纹组合的图案，寓意为“洪福齐天”；用“岁寒三友”来表现坚韧不拔的精神。

（三）表号法

根据中国民族的传统习惯，有一些图案形象就是专门表征某一事物的，例如玉兔的形象代表月亮，属阴性；以乌金或者三足乌代表太阳，属阳性；以金锭代表富贵；以松柏代表长寿之意，古语云“福如东海长流水，寿比南山不老松”。

（四）比拟法

比拟法就是运用拟人的手法来表现某种图案的吉祥寓意。例如最具代表性的龙和凤，龙在中国人心中是至高无上、拥有无比威力的，龙的图案只能出现在最高统治者的服饰上，以龙的形象来比拟天子，为皇室专用，它是男性权力的象征。而凤的图案用来比拟皇室贵族血统中的女性，凤凰也是中国传统文化中传说中的吉祥之物，它是一种飞鸟，高雅而富贵，将凤凰图案运用到服饰中，以彰显贵族女子的尊贵和荣华。在满族服饰中还有一些动物形象，如用猛虎图案比拟英勇善战的将军，用鹤来比拟清廉的官员等。

（五）谐音法

谐音法就是利用某些事物名称的同音或近似音，构成某种吉祥图纹。如鹰雄寓意为“英雄”，鹰的图案自然就代表着英雄的形象；将鹿寓意为“禄”，鹿的图案就象征着福禄；

蝙蝠寓意为“福”，配有蝙蝠的图案就是福气的象征；将百合、柿子和如意图案组合，寓意为“百事如意”等。

（六）混合法

混合法就是将各种事物的图案混合在一起，从而表现出更加丰富的寓意，常见的有以松柏和寿山石、灵芝等组成的“芝草延年”；以莲花和鲤鱼组成的“连年有余”；以四个柿子、三只公鸡组成的“四世同堂”；以莲花、花生、桂花、桂圆、荔枝等组成的“连生贵子”等。

这些纹样的创作及其应用，无一不体现各个阶层人民的不同生活理想和审美情趣，更体现了劳动人民的智慧和无限的创造力，从而表达人们对幸福美满生活的期望和向往。这些图案纹样在中国文化历史上有着重要的地位和研究价值。

第四节　以针代笔话春秋——满绣

满族刺绣（简称“满绣”）是中华文化的瑰宝，更是与旗袍密不可分的姊妹艺术，是传统工艺中的一朵奇葩。满绣源起于满族绣工绣品之专属，传播成长于全国多地，慢慢发展为中华服饰文化和传统绣品的重要品类之一。如今，满绣仍然鲜活，仍具有广阔的市场空间，满绣的优秀作品正在走向世界。满绣见证了满族发展兴盛的光辉历史。

截至 2014 年，已有五项满族刺绣项目入选第二批和第四批国家级非物质文化遗产名录，分别是：满族刺绣（长白

19 世纪晚期红色地团鹤纹女吉服袍满绣纹样

山满族枕头顶刺绣）、满族刺绣（锦州满族民间刺绣）、满族刺绣（岫岩满族民间刺绣）三项入选 2008 年第二批国家级非物质文化遗产名录，满族刺绣（申报地区为黑龙江省克东县）、满族刺绣（申报地区为黑龙江省牡丹江市）两项入选 2014 年第四批国家级非物质文化遗产名录。[1] 除此之外，辽宁其他地区的满族刺绣艺术也很有特色，例如葫芦岛兴城的满族刺绣、盘锦的满族刺绣都是市级的非物质文化遗产。虽

[1] 国家级非物质文化遗产代表性项目名录［EB/OL］.［2020-08-29］. http://www.ihchina.cn/project_details/14195.

然不同地区的刺绣有不同的艺术特色，但是都充分地体现了浓郁的满族文化特色。

一、满绣的历史渊源

满绣是刺绣的一种。早在商周时期，肃慎人就开始了以皮毛面料为主的线条边饰、帽子上的动物图案绣，以起到装饰的作用。金代女真流行在麻布、棉布、皮毛等面料上刺绣。

关于满族刺绣的正式起源，最早可追溯到金代的“女真刺绣”。满绣大约形成于明代，《李朝实录》对努尔哈赤的衣着有这样的记载：“身穿五彩龙文天盖，上长至膝，下长至足，背裁剪貂皮，以为缘。”这“五彩龙文”即为衣服上的刺绣。[1]随着清朝的建立，满绣走进紫禁城，摇身一变，成为宫绣，被称为“中国清朝皇族刺绣”。在不断发展的过程中，满绣既保留了自身的艺术特色，又借鉴了苏、湘、蜀、粤四大名绣的独家技艺，登上了艺术的顶峰。

二、满绣在历史上的第一次亮相

天聪十年（1636年），皇太极进行上尊改元的准备，命令一批绣娘赶制一大批绣品。由于此前一年，皇太极已经下令将女真改称满洲，从此形成了新的民族共同体。而这些绣娘均是来自满洲八旗的女子，所以她们的绣品自然被称为

❶ 冯姝婷．一针一线绘制锦绣芳华［J］．百科知识，2018（23）：47-51.

19 世纪中期蓝色地团花纹刺绣吉服袍

“满绣”。

天聪十年四月己卯，大贝勒代善等满洲、蒙古、汉人文武各官一致恭请皇太极上尊号。同月十一日（乙酉）黎明，皇太极率文武百官出德胜门（大南门）到天坛举行大典，宣读祝文，后金国皇帝勉徇群情，践天子位，建国号大清，改元为崇德元年。大典之上，皇帝、诸王、大臣、百官所着衣、冠、袍、褂、靴等无不具有满绣的装饰。同时，不同的满绣具有不同的等级差别，同等级的朝服、官服满绣又整齐划一，彰显着严格的八旗制度，彰显着后金政权向大清国家政权过渡的政治自信和封建化程度的深化，彰显着满绣批量生产和规模化生产的需求和能力。

这次大典可谓是满绣的第一次正式亮相，而且一亮相就获得了广泛认同，表现出浓烈的制度文化特色。这一制度文化与清政权相始终，前后相沿 200 多年，成为满绣艺术的政治表现形式。

三、“满绣”的名称确定

1625 年，努尔哈赤将后金都城迁到沈阳。后来皇太极改沈阳为“盛京”，成为大清开国之都，沈阳在东北的政治、经济、军事、文化中心的地位从此奠定。正是在这个中心聚集了大量的满绣人才，形成了满绣工艺的权威性和不可替代性。在皇家专门机构的管理下，满绣更加突出了皇家气派、皇家风格。与此同时，满绣也受到民间喜爱，加之民族融合的原因，在官需之外，民间大量绣品亦不断涌现，丰富和美化着人们的生活。满、汉等民族之间工艺的不断交流扩大了满绣的影响力。从此，满绣不再是满族绣品的专指，也不是皇族绣品的专称，而是满族绣品的通称。其后，满绣的流行地区又扩展至整个东北，一直到后来进入北京，走向全国。同时，满绣的概念内涵也逐渐演化为以满族文化为主旨的绣品表达。

盛京，是满绣从民间走向宫廷的开始，也是宫廷满绣和民间满绣同时发展壮大的地方。无论满绣制度、律令颁布的权威，还是满绣的规模和影响力，盛京的中心地位都是无可争辩的。

四、满绣的种类、内容与题材

（一）满绣的种类

满绣可以分为宫廷刺绣和民间刺绣，宫廷刺绣用于绣制帝王龙锦、皇后凤袍和宫廷文武官袍，象征着皇权与地位、身份和等级。满绣绣风大气粗犷，柔中带刚，粗中有细，用气势恢宏的龙纹图案装饰龙袍，足以彰显皇家富贵尊荣、荣耀腾达的气派。

民间的满绣有着悠久的历史，俗称“针绣”“扎花”“绣花”，最初主要流行于满族人聚居的广大农村。通常以家织布为底衬，以红、黄、蓝、白为主调的各种彩色丝线，用一根细小的钢针参照图案上下穿刺，织绣出各种纹样，绣品包括服饰、日用品、喜庆节令等。绣品题材广泛，风格多样，情趣盎然，寓意深刻，充分表达了满族人民对美好生活的憧憬，体现着厚重文化的内涵。

宫廷刺绣创意等级森严，图案规整、固化，北京时期较之盛京时期愈加奢华、铺张，皇帝、后妃、王公、大臣、官员等的朝服、礼服、常服的绣品，款式、风格均不可逾越。民间刺绣创意则在各地区的交流中不断丰富起来。盛京时期朴实、清雅，北京及其以后则更加绚丽多彩。

（二）满绣的内容与题材

满绣艺术的产生与表现题材，都是从自然界和现实的实用性能上提炼出来的。满族人勤劳勇敢、乐观坚韧、善良朴实的宝贵品质，以及他们世代虔诚信仰的以自然崇拜、动物崇拜（图腾崇拜）、祖先崇拜为核心观念的原始宗教，都潜移默化地在妇女们的绣品中充分体现出来。[1]

满绣以其精湛的技艺和独特的艺术风格闻名遐迩。满绣的作品特别突出人们渴望富贵平安、吉祥如意的美好愿望，图案色彩配合充分体现朴素、典雅、秀丽、生动、热烈的不同艺术效果。满绣以其广泛生动的题材、丰富多样的种类、艳丽浓烈的色彩、夸张粗犷的风格，形成了鲜明的地域特色。

满绣珍品（中华服饰博物馆藏）

满族民间刺绣作品是直通原始的艺术，保留着满族原始的思维结构和原始造型，它是东北地区满族手工母体艺术最基本的载体之一。内容博大，想象力丰富，内涵深刻，手法新颖，形式多变，是研究、挖掘满族历史文化、历史美学等

[1] 贺萧含. 满族民间刺绣非物质文化遗产的现状及发展研究［D］. 沈阳：沈阳建筑大学，2018：9-10.

方面的有利物证，也值得我们加以关注和保护。

五、满绣的艺术特色

（一）自由的色彩

满绣在绣品色彩搭配上具有非常大的主观能动性。刺绣者往往通过明快的色彩、强烈的视觉冲击来达到自己所追求的醒目突出、色彩跳跃的效果。浓艳的色彩中蕴含着深沉，淡雅中又饱含激情。刺绣者用自己灵巧的双手，描绘着心中

清石青绸彩绣赶珠龙朝裙（沈阳故宫博物院藏）

所想、心中的理想世界，也表达着对生活的积极态度和热情，将自己的直观感受外化于满绣作品中，从而创作出感人至深的作品。[1]

（二）生动的形象

在渔猎、农耕的时代，满族先祖便对大自然有着浓厚的崇拜感和依赖感，所有看到的自然中的、生活中的实实在在的山水、庭院、花鸟虫鱼便成为他们刺绣中的一个个素材，

清咸丰蓝色纳纱八团花卉纹吉服褂

❶ 贺萧含．满族民间刺绣非物质文化遗产的现状及发展研究［D］．沈阳：沈阳建筑大学，2018：14

在他们灵巧双手的演绎下，一个个生动的形象便出现在绣品之上。满族人把大自然中美好的事物变成了抒发自己情感的艺术形象。

（三）吉祥的寓意

满绣的运用十分广泛，在生活用品和服饰及其配饰上随处可见。满绣作品上的图案大多具有吉祥、美好的寓意，可谓“图必有意，意必吉祥”。在长期的实践中，一开始运用较为随意的带有某种寓意的刺绣图案便逐渐固定下来，作为表达寓意的比较固定的形象，例如蝙蝠的“蝠”与“福”同音，所以蝙蝠的形象经常出现在众多绣品中，表达人们的美好愿望。

（四）精湛的技艺[1]

满绣的技艺可以追溯到肃慎人的骨针刺绣，盛京时期、北京时期均已使用铁针、钢针，技艺上广泛使用五针法、六针法。

满族刺绣的主要针法有：直针、铺针、水纹针、葡萄针、半针、套针、乱针、斜针、松针等。下面介绍几种运用比较多的针法。

直针：用垂直线条，从纹样的这边绣到那边。线路朝一个方向平列，施色单纯，边口匀整。这种针法又短又密，只运用这种针法即可绣出东西。

[1] 贺萧含．满族民间刺绣非物质文化遗产的现状及发展研究［D］．沈阳：沈阳建筑大学，2018：16.

铺针：针路较长，多用在底层。

套针：又名平套。其绣法是：第一批从边上起针，边口齐整；第二批在第一批之中落针，第一批需留一线空隙，以容第二批之针；第三批需转入第一批尾一厘许，而后留第四批针的空隙；第四批又接入第二批尾一厘许……依此类推。

乱针：这种针法是适宜制作刺绣欣赏品的一种针法，在绣制技法上，它一改传统针法的运针规律，运用长短交叉的线条、分层施色的手法进行刺绣。

松针：因形似松针叶，故名松针，又名“三脚针”。绣时须按格或数丝进行，装饰性强。适宜绣制日用品上的图案花纹。

盛京的满绣主要针法为盘金绣和打子绣。盘金绣使用金色的线，在清朝这种颜色的线十分珍贵稀有，象征权贵，因此盘金绣在当时仅为皇家所用，绣出的纹样非常立体、气

满绣独到的针法

非遗传承人杨晓桐示范满绣

势恢宏。打子绣的纹样主要为螺旋纹，绣出的纹样形似小珍珠，坚实耐用，美观漂亮。

六、满绣的功用和影响

满绣成为清代官需的用品之一后，不仅提高了社会影响力，也丰富了民间需求功能之外的某些政治功能。即使清王朝迁都北京，后来在金陵（今南京）又设立江南织造局专门为皇家生产织品、绣品。这只是满绣的易地生产，只是为了就地取材方便，但其绣品并不能说是苏绣。

满族的民间刺绣也有其独特的社会功能。满族民间刺绣主要流传于辽宁、吉林满族人民聚居地区。我国东北地区的冬季漫长而寒冷，长期生活于此的满族先祖养成了“猫冬”的习惯，百姓室内活动相对较少，刺绣成为女性消磨时间、增进情感、交流技艺的重要活动，母女婆媳的物传心授、姑嫂妯娌的交流切磋、邻里之间的相互教授使刺绣技艺代代相传。

满绣的成长纵向上体现为传续历史悠远绵长，横向上体现为广袤宽泛。满绣的历史通连起来可以发现连缀的闪光点，即商周时代的皮板绣、桦皮绣，辽金元明时期的麻布绣，清代的民绣和官绣，民国时期的服装绣、工艺绣，中华人民共和国成立以来的生活用品绣、工艺绣等。可谓相沿不绝，且富有时代特色。遥远的古代，满绣的基础在东北诞生，形成以肃慎妇女为创作主体的刺绣工艺，将线条、图案穿缝在皮装、皮帽、手套上，表现着氏族成员的身份差别，表现出对美好生活的期许。很快，肃慎人的近邻今赫哲人有了鱼皮绣，鄂伦春人有了鹿皮绣。稍远的东胡人，再远些的匈奴、突厥人等也有了刺绣的箭囊、绣饰的皮袍、绣饰的花帽等。清代，满绣的官服通行全国，满绣的旗袍受到大江南北、长城内外广大妇女的喜爱。

满绣的诞生适应了政权封建化的要求，实现了工艺、创意的第一次成长。经过多地区、多民族的不断交流，满绣也在不断成长。盛京设立八旗工艺所时，专设绣品科，作为满绣人才的培养基地。

第三章 旗袍的发展与创新

旗袍有着极其重要的价值，体现在多个方面。对旗袍进行改良和创新，有利于旗袍的推广，也有利于旗袍在当代的进一步发展和传承，也是对传统文化保护和发扬的一种举措。

第一节　旗袍的文化价值

随着时代的发展，旗袍文化也在不断创新，融合更多时代元素，一定程度上反映了社会、大众的审美变化。在当代，思考旗袍文化的推广优势以及旗袍的文化价值，有利于为相关政策的出台提供决策依据，也有利于加深人们对旗袍重要性的认识。

一、旗袍推广的优势

（一）旗袍具有传统服饰的代表性[1]

1. 融合与沉淀了多民族服饰文化

旗袍集多民族文化于一身，是一种流淌着民族文化脉络的传统服饰，在中华民族服饰文化中占据一席之地，在民族文化的积淀中依然绽放光彩。纵观旗袍的发展史，不难看出，旗袍是时间的产物，历史的选择，更是中国传统服饰的代表。

2. 旗袍是距离当下最近的一种传统服饰

在当下文化回归传统的热潮中，学界和民间都在讨论“国服”概念，说明旗袍等传统服饰得到了重视。任何事物都是遵循历史发展规律的，服饰也不例外。虽说“汉服”的呼声很高，但是从流传时间上来说，旗袍才是距今最近的传统服饰，这是时代的选择。旗袍不像汉服那样宽袍大袖，在某种程度上更符合现代的生活方式，它恰恰是民国时期根据需要经过改良后发展延续下来的传统服饰。

3. 旗袍是最被国内外民众熟知与接受的传统服饰

1984 年，旗袍被国务院指定为女性外交人员礼服。2011 年旗袍手工制作工艺成为国家非物质文化遗产。各种事实表明旗袍是中国的一个符号，它的国际曝光率与国民接受度都

---

[1] 参见：黄林静．论中国传统服饰的推广——以旗袍为例［D］．长沙：湖南师范大学，2014：19.

身着旗袍的老年女性（张家明　摄）

旗袍深受外国女性欢迎（张亚芳　摄）

优于其他传统服饰，这也使其成为国内外民众最为熟知的中国传统服饰。

（二）旗袍蕴含传统服饰的文化性

1. 旗袍反映传统服饰文化中对女性的审美意识

每个国家、每个民族都具有本民族特有精神特征，并通过不同途径得以体现，而服饰就是民族精神的载体之一。服饰文化是民族精神的体现，因为它受到环境、审美以及道德观念的约束和影响。特别是在封建时代的社会背景下，儒家文化深深植入国人的服饰伦理性，女性的形象也受其支配。儒家礼教观念讲究含蓄中庸、平和，“存天理灭人欲”，这使得最初的旗袍设计都在宽大、掩盖中表达含蓄，达到塑造“端庄”的传统礼制要求。虽说旗袍经过近代的发展与改良，结合了西方的立体剪裁，从装饰美发展为体现人体曲线的自然美，但是闭合的设计、小小的立领及精致的盘扣还是无时不在体现审美上的端庄与优雅。简单流畅的线条及开衩设计，让穿着者静坐时如盛开的莲花般优雅，而行动时如秀美的山水画般灵动。

2. 旗袍反映了传统服饰文化的艺术性、美术性和设计性

在旗袍的丰富传统服饰制作工艺中，包括面料中常用的蜀锦、丝绸、刺绣等都蕴含着传统工艺的精与美。

旗袍承载着非常精细的艺术手法和独特工艺，其中刺绣等民族传统手工艺也是其所蕴含的民族特色之一，表达出中国山水画般的意象。特别是最初的满族贵妇旗袍，繁复刺绣工艺及绣、绲、镶、嵌、盘等多变的装饰手法是我国传统服饰文化技艺的精华。现代旗袍设计，也能充分体现我国传统

服饰文化的艺术性，例如2008年北京奥运会礼仪小姐的服饰总计需要125道工序，从设计、选料到刺绣、制作，沿袭了传统服饰制作文化。[1]而旗袍的线条设计及对面料的细致选取，盘扣的多种图案造型，体现了传统服饰的美术性。从设计学的角度看，旗袍对立与统一的设计性，立领和盘扣的端庄与收腰及开衩的风韵发生了矛盾。这对立又统一的设计使旗袍既能展现中国女性体态的自然美，又符合传统审美观念，像极了中国道家的“太极”。旗袍的立领紧扣，使旗袍更具端庄典丽、优雅的效果，同时高领的设计让颈部线条始终能垂直修长，体现女性的庄重优雅。

二、旗袍经久不衰的内在机制

旗袍经久不衰的内在机制是旗袍的文化质量所带来的价值。从某种意义上说，文化质量就是旗袍的含金量。旗袍作为中国千年服饰文化的经典之作，不仅是服饰体系中无与伦比的精品，而且是中华民族长期积淀的服饰文化中的财富。它较好地体现了服饰观念的特色，其主要特点在于：善于表达形与色的含蓄、隐约朦胧、藏而不露，给人以审美的感受；注重精细艺术手法和工艺表达，大量采用刺绣、图案等丰富的服饰手段，表达丰富的意象和意境；注重气派稳重的氛围效果，给人以端庄、高雅的美感，服饰效果与环境艺术相得益彰，独具特色。旗袍较好地体现了中国服饰力求稳重、平静的特点，有助于形成安宁、融洽和礼让的人际关

[1] 近代旗袍发展史［EB/OL］. http://www.jinzi.org/jinrongjie/html.

系，较好地体现了中国服饰文化的以伦理道德自律来维持礼仪之邦的精神。

从服饰美学角度看，当今人们穿旗袍已越来越远离它的实用价值而不断追逐更高层次的审美境界。所以，旗袍是一首诗，一首古色古香的叙述诗；旗袍是一种文化，一种温故知新的古典文化，代表着一种典雅庄重的东方的女性之美。

中国旗袍有着浓郁的民族风格、巧妙的艺术构思和高超的结构科学性，在花团锦簇的时装苑中一枝独秀。旗袍已成为女性的正装或礼服，是代表中国形象的重要服装之一。在

具有浓郁满族风格的旗袍

首届旗袍文化节上展示旗袍之美（盛京满绣　摄）

未来，随着旗袍面料品种更加多样，制作工艺也将愈加精致。旗袍追随着时代的风尚，在古典与潮流之间寻求平衡，将会成为中华女装的重要类型之一。

三、旗袍的文化价值

旗袍服饰是满族人民生活的直接产物，它是民族精神的体现，是中国文化质量的体现，也是民族文化理念的代表，具有十分深厚的文化价值，如历史参考价值、审美价值及社会价值等。

1. 历史参考价值

旗袍是古今服饰文化的融合，见证了漫长的历史，是历史文化的一种特殊反映形式。随着时代的变迁，人们的思想观念及生活习惯也会发生转变，衣食住行各个方面都会印上所属时代鲜明的印记。根据服饰，可以推断历史年代、身份地位、穿着喜好、生活方式等，进而从侧面反映所处时代的生活习惯和社会风貌，触碰到一些未被考古研究者涉及的领域，发掘其中所包含的历史文化，为从事相关行业的人们提供一些参考。

2. 审美价值

中国旗袍服饰主要特征表现为线条流畅，质感柔滑，形

清道光黄地八团有水皇后女吉服袍（美国大都会博物馆藏）

式多样，色彩鲜明，图案丰富。

就图案而言，旗袍图案承载着民族历史文化的古朴之美，具有乡土和世俗气息的自然之美、融精湛技艺和非凡想象的工艺之美等，诸多元素构成了满族服饰图案纹饰的艺术美。受这些元素的影响，形成了旗袍图案纹饰的美学观念，并以此为标准，指导、衡量满族服饰图纹的式样、色彩和装饰的形式与布局，并进一步形成满族服饰的独特风貌，表现出其个性化的审美特征。从美学上看，一件精美的旗袍服饰，就是一件绝世的民族工艺品、艺术品，是美的体现，是美的象征。在物质性方面，旗袍经典的样式，能够恰到好处地表现女性之美，突出东方人内敛含蓄、自信朴素的气质。由于采用的是衣裙一体的剪裁形式，造型曲线从领至肩、腰、臀以及下摆的线条一气呵成，显得非常流畅，具有书法般的线条美，直接体现了中国文化的特色。精良的制作工艺，面料与款式的有机结合，无不体现富有生命力的美感，满足了人类在服饰上的需求。

3. 社会价值

在精神性方面，儒家思想对传统服饰产生了深远的影响。首先这种影响表现在对人的尊重上，从本质上来说，中华文化是一种“礼”文化，中国传统服饰文化也可以理解为礼仪文化，因此旗袍被赋予了丰富的人文精神，与法治与道德规范甚至大自然联系在一起，从而使单纯的功能服从于社会功能。旗袍是传统文化与现代文明的有机结合，多次改良与创新发展都是在满族传统文化的基础上，不断融合周边文化以及西方文化进行的。因此，旗袍是各种文化交融的产物，是矛盾调和的结果，是时代的选择，是创造的结果，是

中国传统文化创造性转换的杰出代表，为其他传统民族服饰的弘扬带来了诸多启示。

在当今的国际环境背景下，世界上任何一个民族都无法避免在物质领域与发达国家趋向统一，经济的全球化给世界人民带来了生活方式的同质化，审美情趣、思想方式、语言表达、文化艺术等方面都在朝一个标准靠拢。当人们在享受同质化带来的各种便利时，我国的传统文化也受到了极大的冲击。随着西方发达国家文化思想与生活方式的渗透，人们对西方事物越来越好奇，大量地进行跟风与效仿。在服饰方面，人们把西方时装当作潮流的标志，忽视了中国传统民族特色的服饰文化。对于旗袍而言，虽然拥有深厚的文化内涵与价值，但是一旦将其放在国际环境这一大背景中就显得有些力不从心。因此，要对旗袍文化进行保护，对其进行大力宣传与弘扬，才能使旗袍文化继续传承下去，永不衰微。

展示旗袍之美

4. 文化价值[1]

当代旗袍在面料、装饰、长度及开衩方面的设计和创意更加突出。20世纪末出现了有职业象征意义的“制服旗袍”，这种旗袍多见于礼仪接待时，款式端庄而时尚，色彩艳丽，图案喜庆。还有日常设计的旗袍，这种休闲意味的旗袍没有正式场合的旗袍那么严肃，满足女性各方面的着装需求。国外很多设计大师将中国旗袍的元素融入他们的作品中，出现了中国旗袍和欧洲晚礼服相结合的服饰，体现着当代旗袍特有的风情。

另外，当代许多影视作品都和旗袍产生了联系，其中不乏经典的作品，如《花样年华》《旗袍》等，这对传播旗袍文化起到了非常重要的作用，感染和影响着国内外服饰文化。当代旗袍“衣襟的设计、纽扣的缝制、衣料的花纹甚至裙摆袖口的镶边，都吸收了中国工笔画精致细微的特点，可称为

旗服雅致衬娇容（姜守凯　摄）

[1] 参见：何玲．浅析旗袍精神［J］．中国民族博览，2019（6）：20.

典型的中华民族服饰”[1]。这些传统文化的元素用在当代旗袍的设计中，凸显出当代职业女性温文儒雅的淑女气质，这种气质正是中国儒家文化的女性气质：温良恭俭。利用这些隐含的寓意、传统的图案和含蓄的色彩，给人藏而不露的美的感受，让人可以主动关注和认识中国文化。

体现女性身体曲线的当代旗袍（赵敬卫　摄）

❶　许净瞳．儒家精神复归与旗袍的流行［J］．牡丹江师范学院学报·哲学社会科学版，2018（1）：83.

第二节　当前旗袍文化发展的问题

随着萨满文化逐渐消亡和老一代刺绣艺人相继逝去，满族民间刺绣的独特韵味正日渐淡薄，加之现代化机器刺绣的蓬勃发展，都对满族民间刺绣造成巨大的冲击。满族民间刺绣出现后继乏人的困难局面。作为满族旗袍姊妹艺术的满绣，它的发展状况也是传统旗袍现状的一个缩影。

自从鸦片战争打开了古老帝国封闭的大门，西方资本主义文明开始冲击中国社会，西方服饰文化传入中国。到了清末，大批青年出国留学，向西方学习成为当时的热潮。而得风气之先者莫过于服饰变革，后掀起了“剪辫易服”的浪潮，西方强势文化进入日常生活的各个领域。改革开放后，西方时尚随着全球化浪潮席卷而来，在经历了初期的好奇、模仿、跟风后，问题也随之而来，冠礼、射礼等中国传统礼仪基本消失，即使在平常的礼仪中，也普遍崇尚西式，中式礼服和传统已成点缀，失去了原有的庄严与意义。

因此，中华传统服饰面临一个尴尬的现状：在一些需要礼服的场合，一般人都很茫然，不知道该穿什么。我国在对待传统服饰文化上，多年来一直存在着一种比较矛盾的文化心理。理论上，我们一直强调我国有着历史悠久的服饰文化并引以为自豪，但未以行动来探索如何能够有效地保护传统服饰文化并使之发展下去。优秀的传统服饰文化仅仅存在于博物馆、学者书籍、影视作品和娱乐作品中，充斥社会的依然是各种西方时装周、穿衣经、品牌故事等，加上追求商业利益的资本介入，使西方服饰文化演变成一种社会潮流，中国传统服饰文化始终处于尴尬困境。[1]21 世纪，这个问题越来越多地引起人们的重视，各地也掀起了各种有关复兴民族服饰的活动。

导致中华传统服饰发展面临如此困境的原因，主要在于以下几个方面。一是对传统服饰文化保护的重要性认识不足。由于长期以来人们的思想、文化、社会生活受到西方文化的冲击，以致我国文化精髓大量遗失，进而导致我们忽视了对中华传统服饰文化的传承和保护。二是民族传统服饰文化墨守成规，未能与时俱进。在全球化的今天，如果不能有效衔接现代服饰文化，不适合时代发展的部分就会受到适合时代发展的文化的冲击，出现萎缩甚至消亡，大量传统服饰文化就会失传或被丢弃。三是缺乏有效的激励机制和健全的管控手段，尤其是法律法规的缺失，导致传统服饰文化未能得到有效的保护和传承。[2]

旗袍文化的传承也面临着不小的挑战。第一，旗袍的设计并不符合大多数女性对于着装舒适程度的要求，在与现代生活习惯的对接中存在不少的困难，这就使旗袍的实用性大大降低，难以大面积推广。第二，随着社会节奏的加快，机械化生产现代服饰的效率高，且能够生产出更舒适、美观的服饰，价格也相对较低，更符合大众对服饰的心理需求。而

[1] 晏琦. 透视汉服复兴现象下的中国民族服饰发展［J］. 才智，2008（1）：181.

[2] 王笙渐. 刍议中华传统服饰文化困境及发展路径［J］. 常州大学学报 · 社会科学版，2006（2）：112.

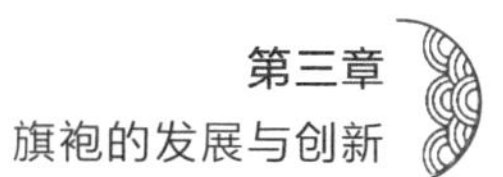

追求慢工出细活的旗袍手工艺产品不符合当代人对于高效率生活节奏的追求。市场需求的萎缩，传统旗袍手工艺人及其继承者较少，也让旗袍制作的传统手工艺有失传的风险，亟须保护。第三，在西方服饰文化的影响下，越来越多的人追求国外的品牌服饰，旗袍服饰只能在夹缝中生存，受众较窄，无法带动相关旗袍产业的大发展。

第三节　旗袍的创新

在提倡“大众创业，万众创新”的今天，传统文化如果能够与时俱进，加以创新，定会重新焕发出耀眼的光彩。作为中国的传统服饰，旗袍的创新也值得关注。民国旗袍是对满族旗袍的改良和创新，是 20 世纪 20 年代中西合璧的产物。21 世纪的今天，旗袍还能进行怎样的创新呢？

一、旗袍创新的必要性

（一）时代发展的需求

随着社会的进步和互联网的发展，国际时尚潮流信息通过网络和贸易交流及时传递到国内，生产技术的创新、工艺流程的改进，以及新材料的发明使用对国内服装市场的震动很大。各民族服装均以兼容并存形式发展，既吸收和渗透着外来文化的精华，又保留本民族的传统特色。传统满族旗袍和民国旗袍已不太符合现代的审美观念，人们对旗袍款式创新的呼声越来越高。如何更合理地利用传统文化和外来文化的精华对旗袍进行再创造？如果只是一味地抄袭传统，照搬模式，只会离时代越来越远。只有经过不断的创新，旗袍才能适应服饰文化的发展演变，屹立于世界服装之林。

（二）市场需求

旗袍的着装讲求和谐融洽，风格含蓄典雅，线条简洁流畅，受到国内外人士的喜爱。一些喜爱东方传统文化的服装设计师将中国旗袍逐步推向国际，这为旗袍未来的市场提供了很好的前景。国内外市场对旗袍有着较大的需求空间，旗袍仍具有较大的市场潜力。因此设计出反映时尚潮流的新款旗袍，可以更好地开拓海内外市场，提高中国旗袍在国际上的地位。

旗袍诗韵（孙国文　摄）

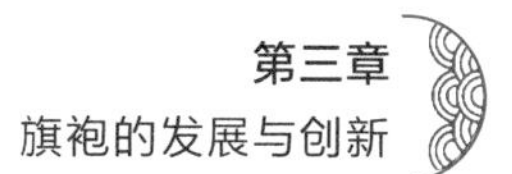

二、旗袍创新的具体做法

（一）旗袍款式设计的创新

旗袍凝结了整个民族几千年来服装文化之精华，其改良在保持中国传统文化内涵的同时，大量地吸收了西方的设计思想和制衣技巧，成功融合并演变出了中西合璧的经典旗袍。

近年来，服装界出现了一些“中国风”作品。例如，1998年春夏出现的中式时装小上衣，一改旗袍“裙”的特色。设计师们将一体的旗袍款式截成两段，上装是收腰式短褂，下面配束身筒裙，那是旗袍的一种外延。未来的旗袍款式，可以是对襟，也可以衣裙两截；可以是高开衩的，也可

浓郁中国风的旗袍作品（盛京满绣　摄）

是“一步裙”。领子可以是褶领、平领、驳领，而不再是单纯的中式小立领。衣袖可以一改中式装袖为插肩袖或插肩无袖，整体上既不失东方女性的典雅高贵，又充满时代的气息。在传统与现代的思想潮流碰撞中，旗袍款式设计逐步脱离旧有的模式，实现服装的开放式发展。

（二）旗袍纹样的创新

现代旗袍图案的设计无时无处不在受着传统文化的影响。继承并发展一切优秀的传统文化，是图案设计创新的前提。在继承吉祥图案原有的精髓和艺术风格的同时，与旗袍的特点和工艺生产技术相结合，赋予吉祥图案新的生机，丰富和发展它的内涵和存在空间，无疑能增强旗袍的表现力与影响力，增强旗袍设计的精神内涵和文化底蕴，也符合信息时代人们对旗袍人文内涵的强烈需求。[1]

（三）旗袍面料色彩的创新

面料色彩设计也是旗袍设计中十分重要的一环。传统旗袍表现出时代感不足的问题，而西方现代服饰面料则十分丰富，由此为旗袍的面料设计提供了诸多选择，可促进设计出多种不同质地的旗袍。在现代旗袍创新设计过程中，可推进流行面料与传统旗袍面料的有机融合，各种面料的交融，可以建立起各具特色的造型风格，并给人一种贴近生活、新潮流行的穿着体验。同时，对于旗袍色彩创新设计而言，可结合穿着者偏好、穿着场所等条件选择设计不同色彩的旗袍，

[1] 陈茜. 旗袍图案的传承与创新［J］. 现代装饰（理论），2013（7）：218.

进而使旗袍魅力得到充分彰显。[1]

盛京雅韵（盛京满绣　摄）

多姿多彩的旗袍（王瑞忠　摄）

[1] 王红卫. 中国民族服饰旗袍研究［J］. 中国民族博览，2019（8）：163.

多姿多彩的旗袍（罗群　摄）

东方风韵（张鹏　摄）

首届中国旗袍文化节作品（盛京满绣　摄）

对于旗袍款式的改良创新，不仅仅局限于简单的设计结构的创新，不同的面料可以改变设计款式所表达的视觉效果。现代旗袍的面料多以悬垂性较好、防褶皱、防缩的真丝锦缎织品或加工合成的化纤、混纺织品等面料为主，受到较大的局限。利用织物的加工工艺、高科技含量和天然纤维的功能性不断开发研制出面料挺阔、硬度较强，保型性能较好、弹力较好的新型面料，并将面料的色彩、质地、结构、风格等几方面综合起来，变幻组合，改变制衣技巧，可以表现服装款式不同的感官效果。新时代的服装面料应该是高新技术与现代服装艺术相结合的产物。

首届中国旗袍文化节作品（张亚丹　摄）

（四）文化观念的改变对款式设计的影响

在领悟旗袍文化内涵和装饰韵味的基础上，融合世界服饰文化精华进行再创造。民国旗袍吸取了西方女装趋向于体现女性曲线的服饰特点，打破了中国几千年来禁锢保守，遮掩女性胸、腰、臀曲线的审美观念，改造出了不同于满族旗袍的立体服装造型，创造了改良旗袍。这为传承并发展旗袍文化提供了成功的经验。但同时设计观念的改变更应尊重旗袍所传达的民族精神，不可为突出个性而掩没身份，掩没传统文化。多年来，中国女性大多选择旗袍作为传统的结婚礼服，已成为习俗。这不但符合东方人的体态外貌，更体现了中国的民族特色。中国的女外交官、政府女官员，也将旗袍当作“国服”，出席各种典礼活动，让世界了解中国文化。因此，对旗袍款式的设计创新应符合其文化特征，注重旗袍所传达的文化意义。❶

沈阳故宫大政殿前的旗袍秀（张鹏　摄）

❶ 王姝画. 论旗袍款式的演变与发展［J］. 科技信息（学术研究），2008（3）：39.

第四章 旗袍文化的保护与传承

作为中国历史上最后一个封建王朝，清朝在中国文化史上具有别于以往历朝历代的独特地位，从某种意义上可以说清朝完成了对以往几千年中国古代的传统文化的集大成，并且经过大规模的与西方文化相接触、相冲突、相融合的过程，最终开创出了中国文化发展的新格局。作为中国传统文化的重要组成部分，清朝的文化是现代生活中传统文化遗留痕迹较多的一种文化，其典型代表就是旗袍。曾经的旗袍只是满族的传统服饰，经过三百余年的传承发展，如今已成为体现中国女性独特魅力的服饰，并作为一种文化符号，成为具有国际认同度的中国形象代表之一。

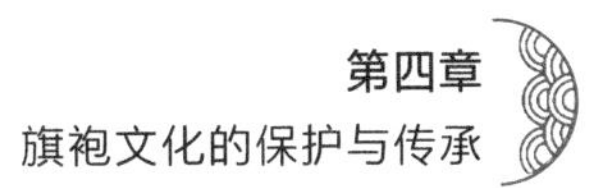

第一节　旗袍保护大家行、大家谈

作为中国女性的传统服装，旗袍并没有随着清朝灭亡而消失在历史长河中，虽然它有着沧桑并不断演变的过程，但随着人们对传统文化的逐渐重视，旗袍正在以不断创新的样式出现在人们面前，成为国家非物质文化遗产传承保护中的优秀代表。

一、旗袍保护大家行

（一）旗袍文化起源地调研

2018 年 10 月 27 日，受辽宁省沈阳市文学艺术界联合会邀请，中国民间文艺家协会中国起源地文化研究中心组织专家深入调研沈阳满绣文化、旗袍文化。通过注入起源地文化基因，推动中华优秀传统文化创造性转化、创新性发展，打造东北振兴发展新引擎。

中国文联国内联络部原副主任、国家非物质文化遗产保护工作委员会委员、中国起源地智库专家常祥霖，中国文联老干部局副局长、中国起源地智库专家麻振山，中国文联民间文艺艺术中心副主任、中国起源地智库专家委员会主任刘德伟，中国民间文艺家协会中国起源地文化研究中心执行主任、起源地文化传播中心主任、起源地城市规划设计院院长李竞生一行，在辽宁省民间文艺家协会秘书长刘蕾、沈阳市文学艺术界联合会副主席王静的陪同下，听取了盛京满绣非物质文化遗产传承人杨晓桐的汇报，实地调研考察满绣的历史文化及发展状况，调研结束后召开了专家座谈会，围绕满绣文化和旗袍文化的传承、保护与发展展开了讨论。在研讨会上，专家们一致同意启动中国旗袍文化起源地研究课题，成立中国旗袍文化起源地课题组。

旗袍文化起源地调研专家合影

（二）中国旗袍文化起源地课题评审论证会

2018 年 12 月 21 日，2018 年度中国起源地文化申报项目“中国旗袍文化起源地”课题的评审论证会在沈阳故宫举行。

参加此次评审论证会的专家有：中国民间文艺家协会顾问、中国起源地智库专家曹保明，中国民间文艺家协会副主席刘华，中国文联民间文艺艺术中心副主任、中国起源地智库专家委员会主任刘德伟，国务院发展研究中心副研究员、中国起源地智库专家张晓欢，中国民间文艺家协会中国起源地文化研究中心主任、中国西部研究与发展促进会副会长兼秘书长丁春明，中国传媒大学教授刘晔源，清华大学美术学院教授杨阳，辽宁省美学协会会长王向峰，原辽宁省美术出版社编辑李静波，辽宁社会科学院研究员张志强，课题组负责人、中国民间文艺家协会中国起源地文化研究中心执行主任、起源地文化传播中心主任、起源地城市规划设计院院长李竞生，课题组考察成员代表、中国文物保护基金会罗哲文基金管理委员会秘书长、中国民间文艺家协会中国建筑与园林艺术委员会副会长、中国起源地智库专家曲云华，沈阳市文联副主席、中国纸上刀绘文化创始人王静，“盛京满绣”非物质文化遗产第四代传承人杨晓桐为申报单位代表，中共沈阳市委宣传部以及辽沈地区专家、沈阳故宫博物院领导出席了此次课题评审论证会。

2018年度中国起源地文化申报项目课题评审论证会在沈阳故宫举行（唐磊　摄）

课题评审论证专家对中国“旗袍文化”提出了殷切希望，并提出了以下建议。一是以文化传承、文化创新、文化发展为核心，以“起源地文化”为发展动力，提升文化感染力和文化软实力，充分运用起源地文化资源，彰显沈阳历史文化名城的厚重感和国际化大都市的现代感，进行文脉梳理，纳入“中国起源地文化志”系列丛书出版工程。二是推进文化产业化发展，促进“产学研用”一体化。建立加强对外合作机制，充分吸取国内外相关产业发展的宝贵经验，结合高等院校、科研院所、相关企业、民间文艺团体推动“产学研用”一体化。三是注重知识产权的打造保护与艺术档案的建立。对具有创新创造性艺术及作品应积极申报版权、专利和知识产权，将创新性艺术建立档案，重点记录艺术的创作过程并形成艺术创作笔记。

课题专家论证会现场（唐磊　摄）

（三）第五届中国起源地文化论坛

2019年1月12日，第五届中国起源地文化论坛在北京

第五届中国起源地文化论坛专家合影 （唐磊　摄）

第十届全国政协委员、原文化部副部长、中国起源地智库专家潘震宙（左一）为中国旗袍文化起源地、盛京满绣文化起源地课题代表颁发证书 （唐磊　摄）

人民大会堂宾馆会议厅成功举办。这一届论坛以习近平新时代中国特色社会主义思想为指导，以“探寻中华起源，增强文化自信”为宗旨，以满足人民对美好精神文化生活的需求为指南，全面贯彻落实党的文化强国战略。作为我国重要起源地的文化学术对话平台，文化产业和文化事业领域重要的产学研交流平台，本次论坛由中国文联文艺艺术中心、中国西部研究与发展促进会、中国民间文艺家协会中国起源地文化研究中心主办，起源地文化传播中心承办。

在本届文化论坛上，各位专家就起源地的文化传承和发展发表了自己的见解，概括来说有以下几方面。

1. 壮大中国起源地专家智库

中国文联民间文艺艺术中心主任、中国起源地智库专家徐岫鹍表示，近年来，学界不断在中国起源地文化产业和文化事业领域进行探索和拓展。中国起源地专家智库的壮大，带动了起源地文化产业的发展，使中国起源地文化事业不断向前，社会影响力不断壮大。这些成果，源于党的正确领导和人民的大力支持，源于研究团队在对当前国家政策深入理解后的贯彻执行，源于秉承文化自信的坚持，源于为祖国文化事业的繁荣发展而奋进的坚定信念。在未来的探源路上，中国起源地队伍会越来越庞大，中国起源地研究有望能快速让中国文化的传播与传承出现新的面貌。

2. 只有探寻起源地文化才能更好地承前启后、继往开来、增强文化自信

第十届全国政协委员、原文化部副部长、中国起源地智库专家潘震宙在作主旨演讲时分析了中国起源地文化与中华文明生生不息的必然联系。他表示，中国文化在世界上具有无比巨大的魅力，中华文化是文化自信之源，中华文明古今一脉相承，现代文明和五千年的文明同为一体。

第十届全国政协委员、原文化部副部长、中国起源地智库专家潘震宙
发表主题演讲（唐磊 摄）

潘震宙部长对运用起源地文化增强文化自信展开四点探讨：

第一，一个国家、一个民族的传承和发展一定有其根本。社会主义核心价值观就是中华传统文明所倡导的讲仁爱、重民本、守诚信、从正义、求大同。

第二，传承、发展、创新之后与新的时代文化相融合，从传统文化中探寻当今社会问题的解决之道。古为今用，推陈出新，与时俱进，整合发展。

第三，只有坚持从历史走向未来，从民族文化血脉中探寻，才能做好今天的事业，才能发展未来。只有深刻地理解了昨天，才能充分地把握今天，更加自信地展望和创造明天。

第四，探寻起源地文化最直观最真实的就是参考历史文献的记载及出土文物，中华文化是中华民族历来增强凝聚力、向心力的桥梁纽带。

3. 起源地文化是中华文化研究的重要组成部分，正本清源、追根溯源是传承和传播好中华文化的重要举措

第十一届全国政协委员、第九届全国工商联副主席、中国西部研究与发展促进会理事长、中国起源地智库专家程路认为，起源地文化是我国文化领域的重要组成部分。在中华民族伟大复兴的征程中，追根溯源是重要的组成部分，新时代起源地文化研究要牢牢把握以下四个方面。

一是深入人民群众，同我国贫困地区的脱贫与致富相关联。挖掘起源地文化不仅仅是发现，还要和人民群众生活的改善放在一起，结合当地条件，让民众实现脱贫，增强社会责任感与民族使命感。二是建立起源地文化创新标准规范。

第十一届全国政协委员、第九届全国工商联副主席、中国西部研究与发展促进会理事长、中国起源地智库专家程路发表主题演讲（唐磊　摄）

起源地文化的研究必须正本清源，发掘中华文化要进行文化创新。认真总结多年来起源地文化研究工作，站在新的历史起点上，把起源地文化向前推进。三是必须坚持科学发展、协调发展、绿色发展、共享发展。除了对自然的关注外，还须与社会、教育等结合起来，结合实际，积极引领中国文化产业与文化事业向前发展。四是起源地文化研究要和“一带一路”倡议的推进、建立世界命运共同体及国家的战略背景紧密结合。以开放包容的心态，讲好中国故事，讲好起源地故事。

4. 文旅融合为起源地文化发展带来新机遇

中华优秀传统文化是中华民族的精神命脉。文化自信是更基础、更广泛、更深厚的自信。中国传媒大学文化产业管理学院院长、中国起源地智库专家范周从多维度来阐述起源地文化发展新方略。他认为，文化资源一定要会甄别，要梳理起源地的文化脉络，拓宽传播渠道，提升传播效果。文旅融合为起源地文化发展带来机遇，探源工程实证中华五千年文明，应结合文化旅游，提高认知。

范周还以文化和旅游融合为大背景，阐述传统文化传承与开发需要坚守的两大原则。一是有机融合，创造性转化与创新性发展；二是有效融合，积极融入社会大环境。

范周认为，在文化和旅游融合背景下，起源地文化传承与开发有三大途径：第一，梳理现有资源，发掘文化精华；第二，分析文化特色，创新传播手段；第三，多元碰撞融合，放眼世界舞台。

中国传媒大学文化产业管理学院院长、中国起源地智库专家范周发表主题演讲（唐磊　摄）

如今全域数字化工业旅游日益增多，“研学游旅”日渐盛行，新情况出现后如何进行研究，需要重新思考、重新定义。解决第三种新业态，不仅需要抓“文”还需要抓“武”，传统文化要有机融合到现在的生活中，要有所创新。追寻历史的本源，起源地文化的现象不能过度娱乐。对百姓日常熟悉的起源地文化更要严格把握，对文化起源要有敬畏感，进行有效、有序的科学开发。

（四）首届中国旗袍文化节

2019 年 5 月 31 日，由中国民间文艺家协会、中共沈阳市委宣传部联合主办，中国文联民间文艺艺术中心、中国民协中国起源地文化研究中心、沈阳市文学艺术界联合会等单位承办的为期八天的中国旗袍文化节在沈阳故宫成功举办。

作品登记证书

No. 00720122

登 记 号：国作登字-2019-A-00720122

作品名称：中国旗袍文化节　　作品类别：文字作品

作　　者：起源地文化传播（北京）中心　　著作权人：起源地文化传播（北京）中心

创作完成时间：2017年06月08日　　首次发表时间：

以上事项，由起源地文化传播（北京）中心申请，经中国版权保护中心审核，根据《作品自愿登记试行办法》规定，予以登记。

登记日期：2019年01月31日　　登记机构签章

中华人民共和国国家版权局
作品自愿登记
专用章

中华人民共和国国家版权局统一监制

中国旗袍文化节知识产权在中华人民共和国国家版权局登记
（起源地文化传播中心供图）

首届中国旗袍文化节开幕式现场（国伏　摄）

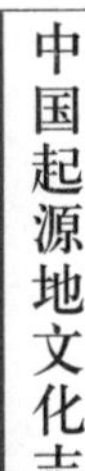

中国文联第十届全国委员会委员、中国民间文艺家协会分党组书记、驻会副主席邱运华，第九届中国文联副主席、中国曲艺家协会名誉主席刘兰芳，中共辽宁省委常委、宣传部部长张福海，中国民间文艺家协会顾问、吉林省文联副主席、民俗学家、中国起源地智库专家曹保明，中国民间文艺家协会副主席、中国艺术研究院研究员苑利，中国文联老干部局副局长、中国起源地智库专家麻振山，中国文联民间文艺艺术中心主任、中国起源地智库专家徐岫鹃，中共沈阳市委常委、宣传部部长冯守权，中共沈阳市委宣传部常务副部长安建晔，中国民间文艺家协会中国起源地文化研究中心主任、中国西部研究与发展促进会副会长兼秘书长丁春明，中国文联民间文艺艺术中心副主任、中国起源地智库专家委员会主任刘德伟，中共沈阳市委宣传部文艺处处长高维权，中国民间文艺家协会中国起源地文化研究中心执行主任、起源

首届中国旗袍文化节之中国定制旗袍艺术大赏现场

地文化传播中心主任、起源地城市规划设计院院长李竞生等出席中国旗袍文化节开幕式。

首届中国旗袍文化节包含开幕式、闭幕式、“百媒聚焦沈阳·2019全国百家重点媒体沈阳行”大型系列采访活动、“品旗袍之源·圆盛京之梦”旗袍文化主题摄影展、中国（沈阳）起源地文化展、媒体沙龙、旗袍主题文化闪拍、满绣文化进校园讲座、中国旗袍文化论坛、中国满绣文化论坛、中国定制旗袍艺术大赏、“盛世华裳，诗韵旗袍”旗袍文化歌词及诗词作品征集活动、首届中国旗袍文化节时尚周、“满绣·手绘”旗袍专场拍卖活动、中国旗袍文化节系列“大家谈”、首届中国旗袍文化节暨盛京1636沈阳旗袍文化节创育工程、五爱服装城分会场活动等30余项文化活动。

首届中国旗袍文化节盛京满绣火炬传递活动

首届中国旗袍文化节开幕式现场媒体记者

中国文联第十届全国委员会委员、中国民间文艺家协会分党组书记、驻会副主席邱运华致开幕辞

中国文联第十届全国委员会委员、中国民间文艺家协会分党组书记、驻会副主席邱运华在开幕式致辞中表示，沈阳是中国旗袍文化重要起源地，此次中国旗袍文化节必将肩负使命，砥砺前行，承担起传承民族文化、传播旗袍文化，打造特色文化，讲好中国故事、传播中国声音、体现中国精神，并以此推动经济、社会、文化发展。

中共沈阳市委常委、宣传部部长冯守权在开幕式致辞中表示，首届中国旗袍文化节在沈阳举办具有里程碑式的意义，是让中华传统文化展现永久魅力的重要方式。本届中国旗袍文化节以旗袍文化和产业发展为主题，沈阳将以中国旗袍文化节为契机，全力打造永不落幕的文化盛会。

在首届中国旗袍文化节期间，“盛京满绣”“纸上刀绘”等一系列充满沈阳地域特色的艺术技艺和现代创新的文化精品也纷纷亮相，让记者和嘉宾们一饱眼福。通过挖掘和梳

中共沈阳市委常委、宣传部部长冯守权致开幕辞

第九届中国文联副主席、中国曲艺家协会名誉主席刘兰芳隆重宣布
首届中国旗袍文化节开幕

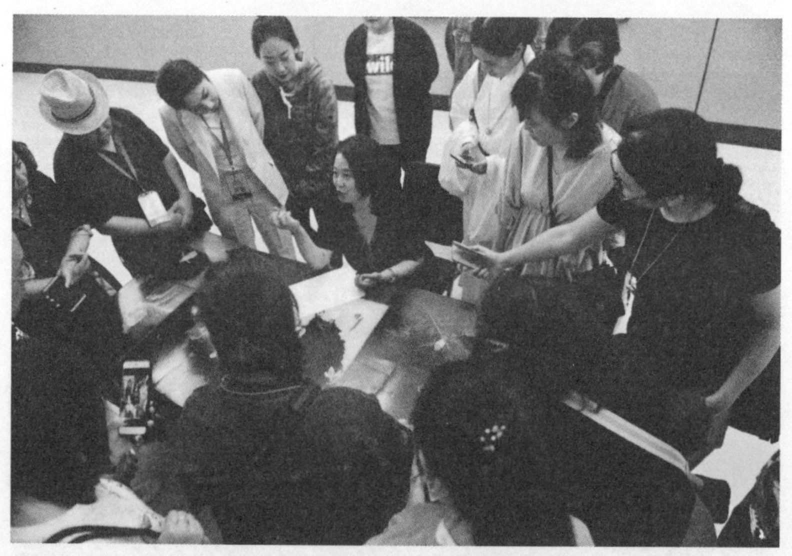

首届中国旗袍文化节上答媒体记者问

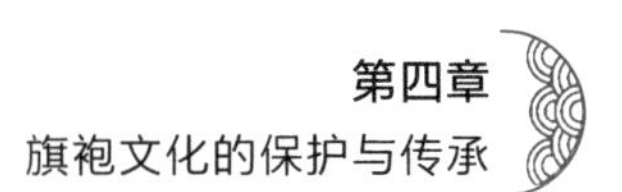

理，让“满绣”这一古老的中华瑰宝再次惊艳世人的眼眸，重新焕发出绚丽的光彩。围绕“盛京满绣”“纸上刀绘”等起源地文创产品，积极开展对外交流和组织活动，围绕“中国起源地文化”进行了一系列的项目对接和开发，让这些承载着中国故事的文创产品造福桑梓，走出国门。

在首届中国旗袍文化节期间，以新华社、人民日报、中央电视台、学习强国、人民网、新华网、央视网、光明网、中国经济网、中国台湾网、国际在线、中国青年网、中国日报网、中国文艺网、中国文化报、中国艺术报等为代表的中央重点新闻媒体；以中国江西网、中国吉林网、千龙网·中国首都网、中国江苏网、河北新闻网、山西新闻网、东北新闻网、宁夏新闻网、吉林东北网、北国网、东方网、东南网、浙江在线、中安在线、大众网、商都网、荆楚网、红网、南方网、南海网、广西新闻网、华龙网、通网、四川新闻网、云南网、西部网、中国甘肃网、青海新闻网、宁夏新闻网、天山网为代表的全国重点新闻媒体；以腾讯、新浪、搜狐、网易、凤凰、今日头条、一点资讯、优酷为代表的全国重点商业新闻媒体共 57 家 60 余名记者深入沈阳故宫、张氏帅府、五爱服装市场、辽宁美术馆及大街小巷等 20 余个采访点实地采访，同时有 110 家媒体在后方发稿支持，共 170 多家媒体参与本次活动的报道，共采写发布稿件 5000 多篇，全方位、全景式展示了中国旗袍文化节盛况和沈阳市经济发展新成就及人文历史景观。

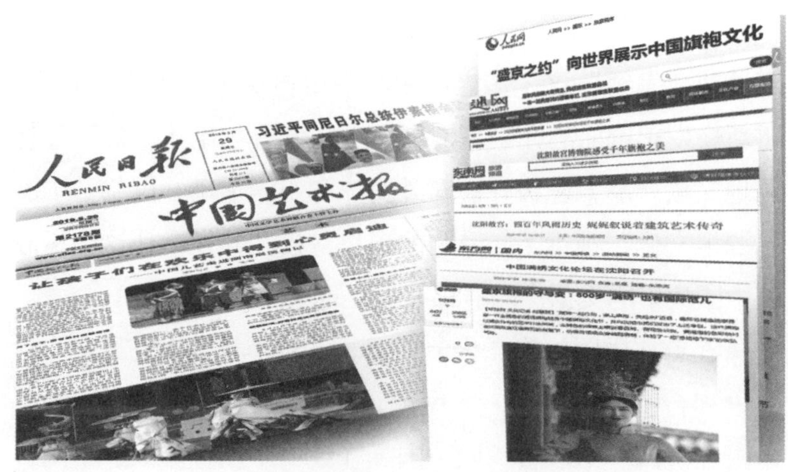
人民日报
RENMIN RIBAO
习近平同尼日尔总统伊索福会谈
中国艺术报
让孩子们在欢乐中得到心灵启迪
"盛京之约"向世界展示中国旗袍文化
沈阳故宫博物院感受千年旗袍之美
沈阳故宫：四百年风雨历史 婉婉叙说着建筑艺术传奇
中国满绣文化论坛在沈阳召开
盛京旗袍的守与变：800岁"满绣"也有国际范儿

首届中国旗袍文化节相关报道页面

“百媒聚焦沈阳·2019全国百家重点媒体沈阳行”大型系列采访活动由中国民间文艺家协会、中共沈阳市委宣传部主办。重点围绕创新驱动、文化发展等领域的创新亮点进行深入采访，采写并推出了一大批高品质、多形态的新闻作品，发表了《沈阳故宫博物院感受千年旗袍之美》《“盛京之约”向世界展示中国旗袍文化》《盛京旗袍的守与变：800岁“满绣”也有国际范儿》《沈阳故宫：四百年风雨历史 娓娓叙说着建筑艺术传奇》《中国满绣文化论坛在沈阳召开（组图）》等一批优秀新闻作品。

同时，CCTV-1朝闻天下、CCTV-4中文国际、北京卫视、陕西电视台等对中国旗袍文化节和中国旗袍文化进行了新闻报道。《人民日报》2019年5月29日第12版、《中国艺术报》2019年5月29日第2版，《中国文化报》2019年5月28日第5版，刊发了关于中国旗袍文化节在沈阳举办盛况的文章。中国网、中国文艺网对中国旗袍文化节开幕式、

全国百家重点媒体在辽宁美术馆合影留念

相关电视新闻报道

旗袍艺术定制大赏盛况进行直播。全国媒体通过无人机航拍镜头拍摄并制作了“行走沈阳”系列航拍作品，通过图文、视频、H5、专题网站、微博、微信、直播、vlog 等多种形式，全景式地呈现中国旗袍文化节和沈阳文化加快发展的生动景象，展示了沈阳创新发展的新成就及沈阳和谐美丽的新风貌，赢得广大网友的热情点赞。

据统计，截至 2019 年 7 月 31 日下午 6 时，各媒体共开

相关专题报道页面

设专题网站 19 个，发布稿件 5000 多篇，中国文艺网、中国网大型直播 3 次；发出首届中国旗袍文化节、2019 全国百家重点媒体沈阳行相关微博 1000 余条，点击阅读量达到 573.6

全国媒体在新闻一线

“百媒聚焦沈阳 · 2019 全国百家重点媒体沈阳行”大型系列采访活动
媒体接受表彰

万人次，单一一条新闻点击阅读量累计 1 亿余次。在互联网上掀起了一股“立足旗袍、传播沈阳文化”的热潮。

全国百家重点媒体将视角投向一个个平凡的旗袍文化爱

首届中国旗袍文化节现场（刘莉　摄）

首届中国旗袍文化节开幕式现场（苗旭　摄）

好者、新时代的歌颂者和大国工匠精神的传承者。每一个人在中国旗袍文化节期间都用旗袍文化讲述了个人与家庭、社会共同发展的故事，以多样的传播方式凝练与歌颂、刻画与传播魅力沈阳的文化、经济、社会的奋斗征程，将中华优秀

首届中国旗袍文化节开幕式上旗袍展示（王瑞忠　摄）

满天云霞扦入红袖（孙海　摄）

传统文化发扬光大。

首届中国旗袍文化节架起一座展示旗袍之美的文化桥梁，用旗袍之魂连接沈阳这座城市的过去和未来，让这座城市更有历史的味道；用旗袍之美连接市民的生活与艺术，让这座城市更有气质。中国旗袍文化重要起源地——沈阳，这座激荡着古今风云和传奇故事的城市，留给嘉宾和媒体记者更多的不舍和难忘记忆。以旗袍之韵连接世界，让沈阳更加开放、包容、自信。

沈阳故宫大政殿前的旗袍秀（张鹏　摄）

二、旗袍保护大家谈

在第五届中国起源地文化论坛分论坛——中国旗袍文化主题论坛上，六位专家分别从旗袍文化的六个角度阐述了他们对旗袍文化发展的看法。

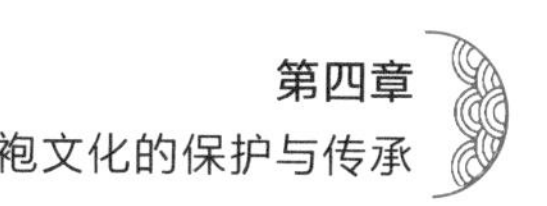

结合六位专家的看法，能够更加细致地了解旗袍文化，为旗袍文化的发展提供一个更加明确的方向。

（一）保护旗袍文化，不可忽略旗袍的文物属性

第十一届全国政协委员、国家文物局原副局长张柏，从文物保护的角度出发，指出除了要对旗袍文化本身进行保护外，还要重视对旗袍本体进行技术上的保护、维护和修护。许多珍贵的服饰文物，出土后大多已经破损，无法再被展示。因此，无论是文物工作者还是旗袍文化艺术的传承人，都要注重对丝织品一类的服饰的保护，结合现代的保护技术，让物质文化遗产得以长存。

以往，在谈及对旗袍文化的保护时，被保护的内容大多围绕以下几个方面：旗袍的传统工艺、面料应用、民族色彩、特殊工艺、独特设计、悠久历史和文化内涵，可以说，已经做到了对旗袍文化面面俱到的保护，但这也让人们无意中忽视了旗袍的另一项属性，那就是旗袍的文物属性。

中国是享誉世界的文明古国，各族人民在漫长的历史进程中，共同创造了宝贵的文化遗产。保护文化遗产，传承中华文明，是连接民族情感纽带、增进民族团结、维护国家统一及社会稳定的重要基础，也是维护世界文化多样性和创造性、促进人类共同发展的重要前提。旗袍与旗袍文化，正是需要得到重点保护的文化遗产。

我们不应仅仅将旗袍狭义地理解为一种满族服装，而是要从满族历史的角度去看待旗袍文化。满族的历史非常久远，它的源流可以追溯到 3000 年前中国有史记载以来的西周时期。那时满族的前身是肃慎人，是中国当时东北最早记

载的居民之一，聚居在现在的长白山及乌苏里江一带。因此，旗袍文化的发展和演变，甚至可以追溯到3000年前，是一种名副其实的起源地文化。

旗袍作为文物的修复，必须要运用到现代技术，这同样揭示了目前文物修复工作的一个现状。很多文物出土后，无法很快地完成修复和还原，等待占据了大量的时间，既要等待复原者技术的精进成熟，还要等待修复的原料、工具的创新，以及修复技术的革新。

（二）注重技艺传承，顺应时代发展

中国文联民间文艺艺术中心主任徐岫鹃认为，从旗袍文化的艺术角度来说，旗袍艺术的发展需要承前启后，既要发展旗袍文化的艺术创新，也要将前人的传统技艺继承下来。

中国旗袍服饰的主要特征表现为线条流畅，质感柔滑，

旗袍之美在盛京（王瑞忠　摄）

形式多样，色彩鲜明，图案丰富多彩。旗袍的图案承载着民族历史文化的古朴之美、乡土和世俗气息的自然之美、融精湛技艺和非凡想象的工艺之美等，诸多元素构成了满族服饰图案纹饰的艺术美。

受到这些元素的影响，形成了旗袍图案纹饰的美学观念，并以此为标准，指导、衡量满族服饰图纹的式样、色彩和装饰的形式与布局，并进一步形成满族服饰的独特风貌，表现出其个性化的审美特征。

但随着时间的流逝，很多掌握旗袍图案纹饰技艺的匠人已经离我们而去，导致许多旗袍的纹饰和图案成了绝唱，纵然运用了多种现代工艺，却难以达到古时候的标准，这是令人无比心痛的。因此，需要广大旗袍艺术传承者不遗余力地去学习、挖掘传统纹样的技法、针法，使旗袍纹饰的传统工艺能够不断传承下去。

在深入钻研传统旗袍艺术的同时，也要发展旗袍文化的艺术创新，在尊重传统艺术的基础上，与现代生活方式紧密结合，赋予旗袍文化新的活力。

旗袍的近代发展史，是传统文化与现代文明有机结合的历史，旗袍的多次改良与创新发展，是在满族传统文化的基础上，不断融合周边文化以及西方文化进行的。因此，旗袍是各种文化交融的产物，是矛盾调和的结果，是时代的选择，是创造的结果，是中国传统文化创造性转换的杰出代表，为其他传统民族服饰的弘扬带来了诸多启示。

在当今的国际环境和背景下，世界上任何一个民族都无法避免在物质领域追求与发达国家看齐，经济贸易全球化给世界人民带来了生活方式的同质化，审美情趣、思想方式、语言表达、文化艺术等方面都在向一个标准靠拢，当人们都在享受同质化带来的各种便利时，传统文化也受到了相当大的冲击。

随着西方发达国家思想文化与生活方式的渗透，人们越来越对西方事物感到好奇，同时进行跟风与效仿。在服饰方面，人们把西方时装当作是潮流的标志，忽视了中国传统民族特色的服饰文化。

旗袍拥有深厚的文化内涵与价值，尽管目前在国际服装流行风尚环境中，旗袍还无法确立绝对的地位，但旗袍的艺术形式不断追随着时代，承载着文化，以其流动的旋律、潇洒的画意与浓郁的诗情，在表现中华女性贤淑、典雅、温柔、清丽气质的同时，也连接起了过去与未来，作为“东方女装”的代表，不仅受到中国广大女性的喜爱，而且也受到西方女性的青睐。

别样的旗袍（罗群　摄）

旗袍文化，以其强大的适应力和包容力，在不丢失其传统的基础上，在世界的服装流行文化中取得了一席之地，这离不开广大旗袍服装设计者的用心和努力。传承人也要继续奋斗下去，对传统旗袍文化进行宣传和弘扬的同时，更让旗袍的设计制作与现代生活方式紧密结合，让每一位爱美的女性都能够穿上符合个人色彩、彰显自身特点的旗袍，彰显文化自信，让旗袍文化弘扬光大。

所以，对旗袍文化的保护不光要放眼未来，还要回首过去，增加对旗袍文物保护的投入，重视出土的旗袍文物的保护和修复，从文物中汲取更多工艺、艺术元素，还原旗袍的完整发展历程，重现古代旗袍风采，更清晰地呈现旗袍文化的发展脉络，使旗袍文化遗产得以长存。

（三）旗袍文化的传承要与国家战略、人才发展战略实现结合

沈阳市非物质文化遗产盛京满绣传承人杨晓桐，她从作为旗袍文化传统艺术传承人的角度，认为满绣是我国的非物质文化遗产，将旗袍文化的传承工作与国家政策、发展战略进行结合，在实现旗袍文化传承的同时，制定一系列的技术扶贫计划。针对市场需求和行业发展需要，通过培养、教育和扶植等多种渠道，开启整套的传统文化人才培养计划。

旗袍文化的传统技艺和品牌价值需要传承和发展，如同其他传统手工艺传承人出现青黄不接现状一样，从业人员和专业人才的断层导致了盛京满绣和旗袍文化其他相关产业发展缓慢。

为改变这种现状，“盛京满绣坊”针对文化传承、市场

参观盛京满绣制作技艺

需求和行业发展需要，通过培养、教育和扶植多种渠道，开启了人才培养计划，并为辽宁省人社厅制定了满绣从业人员职业技能标准、技能等级、鉴定方式等准则，加强现有从业人员和后备人才的培训，为产业发展提供人才保障。

一是重视旗袍满绣技艺在民间的发展，积极推动旗袍绣艺技术扶贫、刺绣技艺下乡，将非遗产业与公益慈善相结合。根据满绣工艺上手迅速、场所多样、时间机动的用工特点，以产业扶贫、精准脱贫为基本方略，在辽宁阜新的21个村，建立了“盛京满绣扶贫车间”和“盛京满绣刺绣基地”，培养“定点招生、定式设计、定量制作”的“三定”从业人才，并确定了先培训、再签约、后回收的合作模式。项目“以点带面”产生规模效应，不仅传授满族刺绣技艺，帮助村里贫困妇女脱贫致富，而且还丰富了她们的精神文化世界。

旗袍传承（田文　摄）

二是面向社会，举办公益讲座和扶贫性培训班。从 2008 年开始，杨晓桐在全省范围内开办公益讲座近千场，受众超过 10 万人次，一对一传授过的学员有 500 多人；举办了 120 余期培训班，培训满绣学员千余人次，培养刺绣工艺师 120 余人。

三是依托院校，培养高素质、高艺术设计水平的技能型专业人才。沈阳市委宣传部和沈阳市文联正在推动“盛京满绣（旗袍）”与沈阳大学美术学院的“校企合作”，在 2019 年内建成“非遗文化进校园的盛京满绣旗袍”专业。学校依托自身的传统学科优势，探索盛京满绣传承的多种可能性，培养专门人才。这些举措实现了“四赢”，让学校源源不断地挖掘盛京满绣这座富矿，让教师的研究和实践有了更坚实的基础，让学生的未来事业有了更明确的方向，让企业的发展有了更强大的后劲力量。

旗袍文化的传承，要与国家战略、人才发展战略实现结合，以人才储备作为文化传播的基础，通过传统文化技艺的分享和教学，为消灭贫困贡献力量，使旗袍纹饰的传统工艺发扬光大。

旗袍秀——传承（杨明　摄）

（四）耕耘旗袍文化土壤，挖掘旗袍文化价值

中央党校（国家行政学院）教授、中国起源地智库专家程萍认为，从旗袍的文化定位和文化价值来说，旗袍虽然备受女性喜爱，但在现代很难成为女性常穿的服饰，这是由于人们在看待旗袍时，往往只重视了过去时代的礼仪或皇家宫廷中的旗袍文化，而忽视了为老百姓们普及关于旗袍的文化知识，这也导致了旗袍文化土壤的缺失。

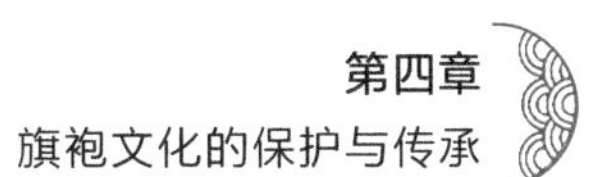

旗袍风韵（刘永新　摄）

虽然旗袍协会比比皆是，但人们只是穿旗袍，而不研究旗袍文化。20世纪30年代，旗袍成为青年女学生的学服、校服，它体现了一种文化、一种儒雅，而现在的旗袍穿着场合，有时让旗袍的文化定位与格调完全旁落，失去了文化内涵。因此，找回旗袍的文化内涵，重塑旗袍在人们心目中的文化形象成为一个重要的课题。

旗袍的文化质量，决定了它的文化价值。旗袍作为中国千年服饰文化的经典之作，不仅是服饰体系中无与伦比的精品，而且是中华民族长期积淀的服饰文化中的财富，它是民族精神的体现，是中国文化质量的体现，也是民族文化理念的代表。

从历史来看，旗袍是古今服饰文化的融合，见证了漫长的历史，是历史文化的一种特殊反映形式。随着时代背景的变化，人们的思想观念以及生活习惯也会发生转变，衣食住行各个方面都印上了所属时代鲜明的印记。根据服饰，可以推断历史年代、身份地位、穿着喜好、生活方式等，触碰到一些考古研究者未涉及的领域，发掘所包含的历史文化，为从事相关行业的人们提供参考。

从服饰美学的角度来看，当今人们穿旗袍已越来越远离它的实用价值，而不断追逐更高层次的审美境界。所以，旗袍是一首诗，一首古色古香的叙述诗；旗袍是一种文化，一种温故知新的古典文化，代表着一种典雅庄重的东方之美。

中国旗袍服饰，善于表达形与色的含蓄，隐约朦胧，藏而不露，给人以审美的感受；注重精细艺术手法和工艺表达，大量采用的刺绣、图案等丰富的服饰手段，表达了丰富的意象和意境；注重气派稳重的氛围效果，给人以有秩序、端庄、高雅的美感，服饰效果与环境艺术相得益彰。一件精美的旗袍服饰，就是一件绝世的民族工艺品、艺术品，是美

首届中国旗袍文化节的旗袍展示

的体现，是美的象征。

在旗袍的物质性方面，旗袍经典的样式，能够恰到好处地表现女性之美，突出东方人内敛含蓄、自信朴素的气质。衣裙一体的剪裁形式，使服装造型曲线从领至肩、腰、臀以及下摆的线条一气呵成，显得非常流畅，具有书法般的线条美，直接体现了中国文化的特色。精良的制作工艺，面料与款式的有机结合，无不体现富有生命力的美感，满足了人类在服饰上的需求。旗袍将古典、民俗、现代及艺术品位高度融合，加之可欣赏度高，既保持了传统韵味，同时又能体现时尚之美，所以还具有一定的收藏价值。

在精神性方面，旗袍服饰被赋予了丰富的人文精神，较好地体现了中国服饰力求稳重、平静，有助于营造安宁、融洽和礼让的人际关系，体现了中国服饰文化以伦理道德自律，维持礼仪之邦的精神。

（五）与世界共享旗袍文化，让旗袍文化走得更远

人民日报中国城市报主编、中国品牌发展研究中心主任常量结合自身的经历与感受，表达了对旗袍这一文化形式的亲切感。无论是国内还是国外，喜爱旗袍的人会自发地去穿旗袍，这份认可证明了旗袍的文化价值。独乐乐不如众乐乐，要共享旗袍文化带来的好处，旗袍既是民族的，又是世界的。旗袍是中国妇女的传统服装，而并非已经湮灭失传的历史服装，它既有沧桑变幻的往昔，更拥有焕然一新的现在。

早在 1933 年，中国旗袍就曾在芝加哥世博会上荣获银奖；1984 年，旗袍被官方指定为女性外交人员的礼服；从 1990 年北京亚运会开始，在我国举行的奥运会、亚运会及各

种国际会议、博览会上，多选择旗袍作为礼仪服装；2011 年 5 月 23 日，旗袍手工制作工艺成为国务院批准公布的第三批国家级非物质文化遗产之一；2014 年 11 月，在北京举行的第 22 届 APEC 会议上，中国政府选择旗袍作为与会各国领导人夫人的服装。

为使旗袍更顺利地走向世界舞台，辽宁省沈阳市分别于 2017 年和 2018 年，成功举办了两届沈阳旗袍国际文化节。

沈阳是旗袍文化的起源地，是一座极有张力、辐射力的古都，拥有“一宫两陵”的世界文化遗产，这也成为旗袍品牌营销的重要窗口。两届旗袍国际文化节，充分展示了从旗袍文化到旗袍产业的进步和发展。崭新的旗袍文化，吸收了汉、蒙古等民族服饰的精华，保留了满族旗袍的本质特色，形成了民族融合的新内涵。

此外，旗袍文化亦可与文创协同发展，借助影视、动

多姿多彩的旗袍（孙海　摄）

漫、音像、展演、旅游资源等媒介进行推广，举办全国或全世界的旗袍设计大赛，配合国家文化发展战略，扩大旗袍文化影响力，彰显传统文化自信，与世界共享旗袍文化，让旗袍文化走得更远。

在当代社会，随着人们生活方式和审美观念的变化，旗袍与时俱进变得越来越重要，通过具有创新性的旗袍款式、改良旗袍面料等方式设计出符合当下人们的审美的现代旗袍，对于旗袍的推广和发展有着极其重要的意义。

（六）探寻旗袍文化的起源，对于文化产业的创新极具意义

国务院发展研究中心副研究员、中国起源地智库专家张晓欢认为对旗袍文化的研究，宏观上说，是探寻文化起源，增强文化自信；微观上说，是现代文化产品提高国际竞争

国务院发展研究中心副研究员、中国起源地智库专家张晓欢在中国旗袍文化主题论坛中发表演讲（唐磊　摄）

力、参与国际贸易、提升文化软实力的体现。

在我国的文化产品出口统计报告中，文化产品贸易总额经历了先上升后下滑的状况，下滑的原因在于，我国对文化出口产品的界定比较模糊，很多并不拥有文化内涵的产品也被归类为文化产品，抹杀了文化工艺品的文化意义。

在这种局面下，通过旗袍文化来探究文化的起源、工艺的创新，挖掘、探寻、弘扬、传播旗袍文化，具有四个方面的重要意义。

第一，旗袍文化是中国优秀传统文化的代表。如果将旗袍与当代工业结合，作为工业文化的一部分进行输出，更能体现中国优秀的文化传统和悠久的历史，对旗袍文化的推广也会起到巨大的作用。

第二，旗袍文化是中华礼仪文化的典型代表。旗袍实质上是一种对中华传统礼仪的深度升级和再造，过去旗袍流行的范围较窄，如今在东南亚等地区，旗袍十分流行，而且是中华对外交流的礼仪文化标志，所以说，旗袍文化与中华礼仪文化的结合，对旗袍在更多场合使用和被更多人熟知起到更大的作用。

第三，旗袍文化是中华优秀传统文化的创新、创作、创造性转化表现。旗袍一直以来都是创新文化的代表，旗袍能被广大东西方女性所青睐，是因为旗袍文化在随着世界的流行文化而不断改良，在改良的过程中，反过来又起到了促进东西文化交流的作用。

第四，旗袍文化是现代高质量发展要求下的必然产物和典型代表。民族的如果想要成为世界的，光靠器物是不够的，必须从器物中挖掘文化内涵，找寻其与世界流行文化的共性。想要实现文化输出，就必须重新解构、建构世界流行

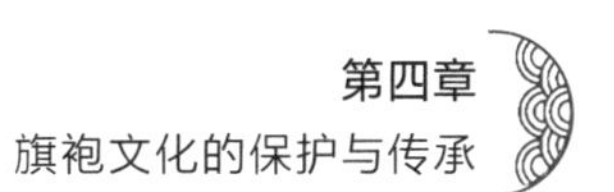

文化，以“不忘本性，不忘个性”的原则来适应高质量的时代发展要求，旗袍文化如果能够做到这些，必将成为增强文化自信、输出文化软实力的代表。

第二节　旗袍文化的传承

沈阳是闻名中外的历史文化名城，在国内乃至东北亚有着重要的经济地位，发展旗袍产业，对于城市发展意义重大。沈阳成功举办了两届国际旗袍文化节，通过整合多方资源，营造浓厚的氛围，搭建交流平台，弘扬了旗袍文化。同时，沈阳被中国纺织工业联合会授予“中国旗袍故都”的称号，被中国民间文艺家协会中国起源地文化研究中心等授予旗袍“中国起源地文化项目”。

中国纺织工业联合会非遗办公室主任张家洲，从非遗保护与传承角度谈到了旗袍发展，“非遗传统工艺要见人、见物、见生活。发展旗袍文化，使用是最好的传承。沈阳举办多届旗袍文化节，潜移默化地提升了市民发扬和传承旗袍文化的意识。未来可以将旗袍文化节作为一个 IP（形象名片），打造‘盛京旗袍’的品牌。另外，旗袍发展要提升时尚设计，加强国际交流，让沈阳旗袍更加国际化、时尚化、生活化、品牌化，走出沈阳，走向世界”。作为“一朝兴发地、两代帝王都”的盛京沈阳，是旗袍开始成为清朝国家礼服的诞生地。如今经过了三百余年的历史变迁，旗袍作为中国和世界华人女性的传统服装，被誉为中国国粹和女性国服。纺织非遗项目以中华民族世代相传的精湛技艺为主，承载着纺织行业、纺织人最广泛、最深切的情感与生活，是纺织强国建设重要的精神内涵。旗袍的发展，不仅饱含文化底蕴，也是文化自信的表现。

旗袍是可以穿在身上的文化，使用是最好的传承。旗袍设计应该与时俱进，融入当代的审美，走市场化、产品化、产业化道路，才能做到可持续发展。总体来说，旗袍传统工艺未来将呈现国际化、生活化、时尚化、品牌化、特色化、市场化的发展趋势。

旗袍及纺织未来的发展应注重培育文化生态，打造高质量IP，提升时尚设计，讲好品牌故事，把握重大机遇，坚持创新发展，提高传承能力，加强国际交流。必须要有文化氛围，包括文化品牌产业的生态，传统文化才能有良好的发展环境。这不仅需要非遗传承人的努力，更需要“传承人群”——设计师、企业家以及行业工作者等力量，共同推进非遗文化的传承和传统文化的振兴。旗袍可以从以下路径加以推广。

一、政府层面的引导性推广

（一）政府可以完善对旗袍等传统服饰文化的立法保护，并加强政策性推广[1]

在我国近代特殊的文化背景下，西方文化的强势入侵，

[1] 参见：黄林静．论中国传统服饰的推广——以旗袍为例［D］．长沙：湖南师范大学，2014．

给本民族文化的发展与继承带来极大的挑战。如何从多方面展开宣传、保护并继承中华民族的优秀传统文化，让人们受到传统文化的熏陶和感染，更加重视传统文化，成为当前亟待解决的问题。旗袍和旗袍制作工艺作为中国传统服饰文化最绚烂的结晶，对其继承和保护具有极其重要的意义。

1. 完善立法保护

非物质文化遗产保护越来越受到国家和政府的重视。通过立法保护传统文化、保护非物质文化遗产，是解决当前传统文化问题的有效途径之一。联合国通过制定《保护非物质文化遗产公约》展开非遗的保护工作，其中一个重要举措是各国采取有效措施，促进非物质文化遗产的管理、技术、财务和法律保护。2011 年,《中华人民共和国非物质文化遗产法》正式颁布，中国有了符合自己国情的非遗保护法。对于旗袍来说，通过立法来对旗袍进行保护，一定可以收到实质性的效果。

2. 进行政策性推广

旗袍是我国传统服饰文化的代表性符号之一，是全人类共同的文化财富。政府是旗袍制作与保护工艺保护的重要主体，在旗袍的保护推广中发挥着重要的作用。从旗袍的发展来看，从清朝的强制推行，到民国定为“国服”，再到中华人民共和国成立后将其作为外交礼服的建议，政府的政策性推广起到了至关重要的作用。最好的保护就是推广。历史上有强制推行服饰改革的浪潮，例如顺治元年（1644 年）清世祖统一中国后，要求百姓着旗袍参加庆典。清朝后期，服饰上的禁令和要求随着满、汉服饰风格交融慢慢变动，这为旗袍在全国的流行打下了良好的基础。民国时期政府订立《国民服制条例》，将旗袍定为国家女性礼服。中华人民共和国成立后，周恩来总理曾建议“外交官夫人们（服装）以旗袍为主”。现在，旗袍已经成为国家的符号、民族的代码，国家更应该在政府层面给予更多的政策支持，使更多人了解旗袍文化，使旗袍屹立于世界服饰之林。

（二）政府加强对旗袍企业的政策性扶持和品牌引导

由于旗袍并非当下的主流服饰，而企业以盈利为主要目的，在这种背景下，政府对旗袍企业的政策性扶持和品牌引导就显得尤为重要，这样才能更好地推广传统服饰文化。

现在，我们国家以旗袍生产为主的服装企业较多，但缺乏品牌效应，品牌积聚较差。怎样挖掘传统文化的深层内涵，树立企业的品牌形象，开发中国自己的旗袍品牌，促进旗袍的发展，促进旗袍在世界服饰之林中地位的提升，需要地方政府和企业的共同努力。

政府如果能够在保护传统服饰文化的同时给予一些政策性的支持和指导，与相关旗袍企业合作，促进旗袍的文化宣传，给予企业更多的展示机会，加深大众对旗袍、旗袍企业及其产品的了解。另外，也可以在旗袍的保护和推广的过程中重视培养专业技术人才，创建旗袍工业专业技术人才数据库。政府可以根据市场需求及旗袍的定位，为本地旗袍制定推广机制。对具有发展潜力的旗袍企业进行倾向性文化指导，对其产品进行文化包装和推广，树立典型性品牌和企业，并扩大其影响力。此外，各地政府，如沈阳等，可以通过招商引资，拓宽合作方式和途径，不同地方的旗袍品牌可以互通合作，创立旗袍的子系列产品，扩大旗袍的影响力和知名度。

旗袍服饰生产企业不单纯是经济体，也承担着文化传播与传承的责任。政府在对待这种“文化经济体”企业时，应该出台相关的扶持和推广政策。政策应包含两方面：一方面，要给予相关企业在建立、税收、出口等方面的优惠政策，这样既可以吸引企业投资，扶持现有旗袍品牌，又可以为旗袍品牌进入国际市场打下坚实的基础；另一方面，要对企业的生产制定政策性要求，在创新的同时要有服饰文化标准作为依据，引导生产出符合传统服饰原则的高品质旗袍。

（三）举办大型旗袍主题推广活动

举办大型活动不仅能吸引大众的眼球，也能在新闻舆论传播上引起大众的关注。例如，沈阳就曾举办“旗袍文化节”等以旗袍为主题的大型宣传活动，来自全国各地甚至世界各地的旗袍爱好者，身着精美的旗袍，很好地展示和推广了这种传统服饰文化，让大众了解并领略到了日常生活中已不再常见的旗袍的美丽及其文化底蕴，也潜移默化地影响着年轻一代的服饰观念。

这些主要由政府相关部门推动的大型旗袍主题活动取得了非常好的反响，对旗袍及旗袍服饰文化的推广起到了重要的作用。一方面，国家政府层面可以利用这些旗袍文化较发达地区的优势和资源，把活动地点扩大到全国范围，各地轮流举办；另一方面，各地相关职能部门应该挖掘本地区的旗

首届中国旗袍文化节——沈阳故宫大政殿前的旗袍秀（张鹏　摄）

袍资源与特色，举办相应的活动或者在相关大型活动中设置主题板块，为各个地区的民众搭建可以了解传统服饰文化的窗口。[1]

（四）外事活动的展示性推广

按照西方传统礼仪，出席正式活动，嘉宾应着晚礼服，但这些服装与我国服饰穿着习惯和审美标准不相适应。中国作为礼仪之邦，服饰合乎场合是应该的。中国在外事活动中选择旗袍这一中国传统礼仪服饰，不仅可以避免失礼，而且可以展现本民族的独特魅力和风采，突出中国形象，既弘扬了中国传统文化，也为旗袍推广提供了契机。旗袍也在外事活动中作为礼物推广到世界各国，中国曾为驻联合国一百多

[1] 肖伯清．旧京人物与风情［M］．北京：燕山出版社，1996．

个驻外使馆的大使和夫人制作了中式服装作为礼物，受到广泛欢迎。

外事活动中旗袍作为礼服或礼物的选择，从较高的层面推广了旗袍和中国传统服饰文化，国内与国际的聚焦也能最大程度地辐射中国传统文化。所以，应该在更多外事活动中对旗袍等传统文化进行展示。在登上国际舞台的今天，中国越来越多地参与到国际事务中，除了对经济、科学技术等进行展示和推广外，文化的推广也应该被列入首要考虑之列，这是“文化立国”的必要政策与措施。旗袍作为中国文化的符号代表，也作为易于展示与推广的服饰代表，应该在中国文化推广中发挥重要作用。

二、教育层面的发展性推广

（一）在中小学传统文化教育中增加旗袍等传统服饰文化的内容

据《京华时报》报道，不仅北京市教委把京剧列入中小学课堂，在各省、市、自治区教育单位也将进行试点。这是在应试教育体制下的一种革新性突破，有利于我国文化遗产的传承。但值得注意的是，这种突破不能只是一种临时的政策性规定，而应具有常规性。但这项举措仅仅将京剧列入了考虑范围，对其他传统文化形式还未涉及，没有形成体系与规范。如此看来，可以通过立法等途径将传统文化纳入教育的内容，这是必要且行之有效的措施，这样才能使包括传统服饰文化在内的传统文化得到规范，更具普遍性，得以全面推广。

（二）在高等教育专业院校增加旗袍等传统服饰文化、设计、制作等课程

在现有的教育体制下，旗袍作坊式的传授方式受到了强烈的冲击。传统的旗袍工艺制作是宝贵的非物质文化遗产，专业院校不应仅仅满足于参与旗袍制作工艺传承人培养计划，更应该把这项内容列入到专业教育培训中。作为高等专业人才，熟悉与掌握旗袍这种具有代表性和实用性的中国传统服饰的制作，进而推广中国优秀传统服饰文化，是专业院校、教育工作者的共同责任。

（三）开办旗袍设计、制作、穿着礼仪等的传习所

中国民间有办传习所传承弘扬中国传统文化的例子，比较有名的是 1921 年，在国民生计艰难与昆剧衰落的双重压力下，由昆剧爱好者主动出资，在江苏省苏州市创办的昆剧传习所，为昆剧的继承与发展作出了特殊贡献，也为昆剧的继承与复兴、接班人的培养创造了条件。所以，传习所在继承推广传统文化方面能发挥重要作用。但是以民间发起集资创办的传习所往往缺乏资金和人员的保障，缺乏稳定性与长效性。在政府主导传统文化传承和推广的今天，应该倡导各级政府建立地方特色传习所，推广传统文化。我国政府现在也开始学习并开设相应传习所，以传承弘扬优秀传统文化。例如，上海建立起申城首个非遗生产性保护基地，其中中式服装制作技艺传习所在静安区正式挂牌落成，开课期间吸引了众多媒体报道和大批民众观摩学习，从而推广了旗袍

等中式传统服饰。传习所的建立也是旗袍推广的一个积极的措施。[1]

第三节　旗袍产业的发展

一、强化发展导向

进一步加强旗袍产业发展对服装产业发展促进作用的认识，使各级、各部门、各相关服装行业更加深刻认识加快发展服装产业经济的重要性，对落实科学发展观，实现转型、创新、跨越发展，对发挥文化区域比较优势、提升城市综合竞争力的重要性和紧迫性，更加深刻领会发展旗袍产业具有重大现实意义。加强各相关行业规划对文化产业发展规划的支撑和落实，使规划真正起到空间布局导向和产业发展导向的作用。同时，保证规划的权威性，组织好规划的实施。

二、强化机制建设

一是促进旗袍产业管理机制创新。按照打造旗袍文创产业和时尚指数发布为主导的产业结构要求，完善职能设置，增强人员配备，提高行政效能。二是改进和完善考核制度。

[1] 黄林静．论中国传统服饰的推广——以旗袍为例［D］．长沙：湖南师范大学，2014.

完善以科学发展观为导向的考核评价体系，建立统一标准、分类考核的制度，使目标任务下达和考核更加科学、规范和高效，确保各项工作落到实处。三是加强统计监测和监督检查机制。建立健全服装商贸业、现代生产加工业、文化创意产业等重点领域的统计方法和统计制度，全面监控掌握旗袍产业发展、重点项目和重点任务情况。

三、强化重大项目推进

一是推进旗袍产业重大项目建设。梳理排出“十三五”期间对建设服装产业有重大支撑作用的大项目，放开资源、放开政策、放开市场，推动PPP模式（Public-PrivatePartnership，政府和社会资本合作模式，简称“PPP”），推动外资、民资投资建设重大项目。

二是实施重大项目的动态管理。建立重大项目动态管理项目库，与有关部门形成互联互通的信息平台，及时掌握项目的发展动态，有效推进重大项目建设进程。

三是加强重大项目的指导、服务和协调能力。形成有关部门的联动机制，加强日常协调服务与现场办公。建立首问负责制，对项目在引进、建设过程中碰到的问题服务到底，切实为项目建设创造良好条件。

四是强化重大项目的策划包装。结合产业发展趋势，筛选出一批经济结构调整和产业转型升级的重大项目，做好项目的储备工作，策划包装出一批具有震撼力的重大项目。

四、强化企业和品牌培育

一是扶持旗袍产业龙头企业。开展企业并购和资产重组，拓展市场空间，打造一批拥有国际标准化水平和现代经营管理方式的亿级现代旗袍产业龙头企业。

二是培育旗袍服装设计生产商贸展示中小企业。鼓励自主创业创新，积极发展各类微小企业，以及各类服装商贸的经营公司、品牌公司、中介公司，增强产业发展基础。

五、强化政策环境营造

加强对旗袍产业发展配套政策的梳理，并根据发展需要不断调整、完善和创新，努力做到整体政策条件优于同类城市水平。一是在土地政策上，积极引导企业通过土地整理、盘活存量土地等多种方法，着力挖掘用地潜力，拓展用地空间。积极协调各级用地管理部门，对旗袍产业项目，创新供地模式，缓解项目建设的土地瓶颈制约。二是在财政政策上，加大对旗袍产业发展的扶持力度。整合目前涉及产业发展的各类专项资金，统筹协调，监督调控资金使用，提高资金的整体使用效率。比照省及相关城市服装产业扶持资金的扶持情况，进一步加大对旗袍产业资金扶持力度，同时积极争取国家和省市相关扶持资金。三是在税收政策上，强化宣传，落实各项税收优惠，充分发挥税收优惠政策对旗袍产业发展的促进作用，同时在国家税收政策框架下，针对不同等级和类别的企业，采取更有利于企业发挥活力的纳税方式，为产业发展创造宽松的税务环境。

六、加强服务意识、优化发展环境

继续开展好“进企业、解难题、保增长”活动，努力为规模以上企业的运营发展提供全方位服务。千方百计地调动企业创新发展的积极性，激发优势企业的带动作用，并有重点地帮助企业实施资产整合、调整产业结构，搞好跟踪服务，积极为企业“保增长、增效益”创造良好的外部条件。同时，着眼未来经济发展趋势，转变经济发展方式，优化招商工作队伍，强化落实工作责任，创新招商引资思路，做到抓好招商引资与扶持企业发展并重，做优地区经济发展软环境，将 CBD 商业区真正打造成引来“金凤凰”的梧桐良木。

（一）市场宣传计划

（1）做好品牌规划。包括品牌名称、品牌定位、品牌形象塑造等。体现民族文化，制定国际性品牌标准，设计重点以优质、尊贵、典雅为核心要素。

（2）产品制作与设计适应消费者的穿着要求。能适应各类人群的不同需求，做到传统与时尚完美结合。

（3）产品包装要做到高品质和高品位有机融合。不同款式的旗袍有自己独特的包装设计，并采用不同的格调、色彩和材料。

（4）找准目标消费人群。旗袍是尊贵和典雅的象征，旗袍的目标消费人群是成功女性、知识女性、时尚女性、成熟女性。

（二）形象宣传计划

（1）举办各类各级别的旗袍模特大赛。

（2）举办大型旗袍秀。

（3）举办全国或全世界的旗袍设计大赛。

（4）为影视作品提供旗袍，借以达到宣传的目的。

（5）通过电视广告、网络媒体、自媒体、户外广告、报纸杂志等形式宣传旗袍。

第四节　旗袍的市场营销

一、旗袍的旅游商品化

当前旅游业飞速发展，其在国民经济中的地位日益突出。而旅游工艺品作为旅游文化与旅游传播的载体之一，在连接文化与旅游之间起着重要的作用。旅游业的快速发展，也必然带动旅游工艺品的大发展。但目前，旅游商品开发的特色与深度仍是不少地方面临的问题之一。在此背景下，努力开发出具有独创性、审美性，又便于携带的旅游产品是摆脱困境、促进旅游产业发展的科学之举。沈阳作为旗袍文化的发源地，在发展旅游的同时，将旗袍作为标志性的旅游产品加以开发，既有利于本地旗袍文化的传播，也有利于本地旅游商品的发展。

旗袍可以作为沈阳旅游产品发展的独特性体现在以下几

个方面。

（1）旗袍在其发展演变过程中，积聚了许多满族特有的历史文化元素，凝聚了众多满族的审美文化特征。盛京作为清朝入关前的都城，映透着满族的文化印记，适宜发展旗袍旅游产品。

（2）旗袍在成为满族的代表性服装后，其艺术的素质和符号感不断强化与增加，并逐渐与汉族的服饰交流融合，最终成为我国的传统服饰。旗袍本身的艺术特质和美感效应，是它走向旅游商品化的通行证。

（3）旗袍自民国经过改良之后，成为女性在重要社交场合、重大宴会、颁奖现场等首选服饰之一；在当代社会，旗袍被作为一种具有中国特色的正式礼服亮相于各种国际性社交场合，不自觉地成为中国女性服装的典范。这也为旗袍的商品化提供了广阔的市场。

综上所述，将旗袍与旅游结合起来，在旅游的同时体会旗袍这种传统服饰的魅力，不仅有利于旗袍的大范围推广，也能够加深民众对旗袍的认识，使他们喜爱旗袍、关注旗袍。

二、建立旗袍的市场和品牌

当旗袍与时尚元素结合起来时，旗袍也会变得很时髦。享誉中国乃至世界的旗袍品牌较少，但一些区域性的旗袍品牌已经发展得较为成熟，例如江苏的“陶玉梅”、上海的“上海滩”、北京的“瑞蚨祥”“梦至超”、浙江的“威芸”等。针对不同的消费者，建立相应的旗袍市场和品牌，是旗袍产业化和扩大市场营销的有效手段。[1]

（一）高端旗袍消费市场

（1）高端旗袍消费市场的品牌发展虽已经较为成熟，但宣传力度还不够，可以借助媒体平台，诸如微信、微博、相关网站等，进行品牌宣传，形成品牌意识。

（2）通过积极宣传，吸纳更多对穿着旗袍感兴趣的女性，根据其身材、喜好、性格等因素，为其量身定做合身、合适的旗袍。还可以为拥有一定社会影响力的女性提供高端旗袍定制服务，为她们定制独一无二的旗袍，扩大旗袍品牌的影响力。

（3）对于具有旗袍收藏爱好的消费者，可以为其提供质量上乘的旗袍，这种做法不仅有利于旗袍的推广，对旗袍产品的营销也非常有利。

（二）中端旗袍消费市场

中端旗袍消费市场可能会成为中国女性旗袍最大的消费市场，针对这一市场的特点，可以从以下几方面来做。

（1）可以选择低成本高利润的旗袍批量生产，既可以节约成本，又能够满足市场需求。

（2）中年女性往往追求典雅、大方，出席重要场合能够穿着的旗袍；年轻女性往往会选择色彩活泼、时尚大方的旗袍款式；知识女性会选择简单素雅、凸显气质的旗袍。针对

---

[1] 齐勇锋．中国文化的根基·特色文化产业研究（第1辑）[M]．北京：光明日报出版社，2014．

这些可能的不同需求，可以进行适当调查，设计出符合不同年龄、不同职业女性穿着和审美的旗袍样式。

（3）中端旗袍的市场需求较大。相较于低端市场和高端市场，质量和价格方面的优势可能使其成为旗袍市场的中流砥柱。

（三）低端旗袍消费市场

（1）创造成本低利润低的旗袍，主要以其价格优势为旗袍市场吸引新顾客。

（2）主要生产符合妇女日常生活的普通型产品，消费主体主要面对购物时追求物美价廉、实惠好用的普通型顾客，以及对旗袍本身要求不高的女性。

旗袍的消费水平和能力与当地的经济文化水品息息相关。如果本地拥有较好的经济发展实力和文化底蕴，这些对于旗袍的发展和消费市场的拓展有重要的作用。旗袍与当地文化相结合，为旗袍赋予更多的文化内涵，将有助于旗袍品牌的形成和发展。

三、旗袍的国际竞争优势

随着全球各国文化交流与融合进程的加快，旗袍这一代表中国传统文化的服饰，已不仅仅在我国受到热捧，在欧美等西方服饰文化中，融性感、妩媚、时尚与优雅为一体的旗袍更是当代新宠，尤其是在欧美众多女星的引领下，旗袍已逐渐在欧美地区热起来。满载着中华文化的意义，旗袍是西方人在经历文化融合的过程中见识到的新的服饰元素，这种

旗袍深受外国女性青睐（田文　摄）

独特的服饰风格在国际时装市场上还是比较独特的，将会成为一个市场亮点。

欧美地区是时尚领地，女星们走在时尚潮流的前沿，引领着整个世界服饰走向趋势。在全球化的交流与融合下，西方人接触到越来越多的华夏文化，与他们每天面对的西方现代文化有着完全不同的韵味，给人一种耳目一新的感觉。当下优雅中式又不失性感妩媚的旗袍随着东西方交流越来越多，一点点渗入西方人的世界，使他们的服饰文化中又多了一种别样的风味。大型商场里，在复杂烦琐、色彩斑斓的服饰世界里，简洁、雅致、清新的旗袍无疑是一道吸引人眼球的风景线。与纷繁复杂的西方服饰相比，旗袍本身的优雅淳朴，其中蕴含的华夏文化的魅力，添加了现代元素后的时尚妩媚，甚至众多海外女星的旗袍情结，无疑成为中国旗袍海外行的巨大市场优势。

然而，旗袍渗透着浓烈的古典中华文化意味，与西方前卫时尚大胆创新的服饰风格不完全统一，在国外推广时必然不能忽视文化差异的影响。由于文化差异，在对东方味道、旗袍文化完全不感兴趣的地区，打开旗袍市场有一定难度。旗袍本身的风格与西方人日常的穿衣风格出入较大，对穿着者的身材比较挑剔，众口难调，对全面打开当地市场的进程也会造成一定阻碍。这就要求本土的旗袍企业需要有大胆创新的设计理念，关注时尚元素，将传统和时尚有机结合到一起，迎合国际消费市场的需求。

参考文献

[1]白云.中国老旗袍——老照片老广告见证旗袍的演变[M].北京：光明日报出版社，2006.

[2]黄能馥，陈娟娟.中国服饰史[M].上海：上海人民出版社，2003.

[3]陈茂同.中国历代衣冠服饰制[M].天津：百花文艺出版社，2005.

[4]陈茜.旗袍图案的传承与创新[J].现代装饰·理论，2013（7）.

[5]陈高华，徐吉军.中国服饰通史[M].宁波：宁波出版社，2002.

[6]陈云飞.旗袍与名媛[M].北京：东方出版社，2014.

[7]戴平.中国民族服饰文化研究[M].上海：上海人民出版社，2000.

[8][德]恩斯特·卡西尔.人论[M].甘阳，译.上海：上海译

文出版社，1985.
[9] 黄林静 . 论中国传统服饰的推广——以旗袍为例［D］. 长沙：湖南师范大学，2014.
[10] 李鸿彬 . 清朝开国史略［M］. 济南：齐鲁书社，1997.
[11] 李倩 . 旗袍内在审美文化特征的解读［D］. 郑州：郑州大学，2014.
[12] 梁科 . 浅析入关前后满族服饰文化的审美变迁［C］// 武斌 . 多维视野下的清宫史研究 . 北京：中国出版集团，现代出版社，2013.
[13] 刘小萌 . 八旗子弟［M］. 福州：福建人民出版社，1986.
[14] 满懿 . 旗装奕服：满族服饰艺术［M］. 北京：人民美术出版社，2011.
[15] 溥杰 . 满文老档（下）［M］. 北京：中华书局，1990.
[16] 齐勇锋 . 中国文化的根基：特色文化产业研究（第 1 辑）［M］. 北京：光明日报出版社，2014.
[17] 汤新星 . 旗袍审美文化内涵的解读［D］. 武汉：武汉大学，2005.
[18] 王红卫 . 中国民族服饰旗袍研究［J］. 中国民族博览，2019（8）.
[19] 王笙渐 . 刍议中华传统服饰文化困境及发展路径［J］. 常州大学学报 · 社会科学版，2006（2）.
[20] 王姝画 . 论旗袍款式的演变与发展［J］. 科技信息 · 学术版，2008（3）.
[21] 王小芳 . 清代女子服饰研究［D］. 郑州：郑州大学，2011.
[22] 王雪娇 . 满族服饰刺绣的色彩与图案研究［D］. 沈阳：沈阳大学，2014.

[23] 温海英，张军雄．旗袍演变史对现代旗袍工艺与制作的启示［J］．东华大学学报·社会科学版，2019，19（2）．

[24] 北京燕山出版社．旧京人物与风情［M］．北京：燕山出版社，1996.

[25] 徐淦生．满族人的那些事儿［M］．北京：中国文联出版社，2012.

[26] 晏琦．透视汉服复兴现象下的中国民族服饰发展［J］．才智，2008（1）．

[27] 袁仄，蒋玉秋．民间服饰［M］．石家庄：河北少年儿童出版社，2007.

[28] 张伟生，孙敏．梅兰竹菊诗书画揽赏［M］．上海：上海锦绣文章出版社，2011.

[29] 中国民族博物馆．中国民族服饰研究［M］．北京：民族出版社，2003.

[30] 周锡保．中国古代服饰史［M］．北京：中国戏剧出版社，1984.

后记

从人类发展的历史规律来看，任何一个民族步入繁荣兴盛的新阶段，都会伴有文化的复兴，而每一次复兴都有一个共同点，那就是他们的文化重心会回到这个民族历史文化的源头，也就是起源文化。对起源文化的探究，会让一个民族寻回自身的文化基因，从文化中获得警示，从文化中汲取力量，从民族根性文化和源头文化之中去挖掘原生的动力和潜力，然后得到再创造、再发现、再前进的源发性活力与动力。

循着这一思路，《中国起源地文化志系列丛书》按照主题梳理各类物质、非物质文化现象的起源和发展，将该文化现象的历史溯源、地理环境、发展脉络、时空传播、资源特色、民俗特征、品牌成长等进行系统挖掘整理，以文化起源及其生长、发展、演变为核心，通过组织相关学科专家学者开展实地田野考察、综合史料典籍加以分析，形成科研成果

报告式著作，并对起源地文化的保护、传承、产业发展提出大量切实可行的建议，具备重要的科研、科普、教育、收藏价值，可为地方文化产业发展、知识产权保护提供思路和案例，并为区域经济社会发展和城市建设提供参考。

该丛书吸收国内各相关学科专家学者组成专家库，负责选题策划、专题研究、田野考察和成果论证，努力为形成文化起源地研究智库做出探索。

中国旗袍文化起源地研究课题组专家对本书的编写与修改完善给予了悉心指导和严格把关，提出了很多宝贵建议。同时，本书还征求了广大专家学者、旗袍文化爱好者的意见，在此，向课题组专家、学者、旗袍文化爱好者表示感谢。

旗袍被誉为中国女性国服，方寸之间，包罗万象，凝聚着中华民族的智慧，承载着华夏文明的审美风范。作为最能体现中华民族特色和东方女士美的传统服饰，旗袍拥有着丰厚的历史承载和文化内涵，她的演变进程也是中华文明史的发展的历程。《中国起源地文化志系列丛书》之《中国旗袍文化·沈阳卷》对于深入挖掘中华民族优秀传统文化蕴涵的思想观念、人文精神、道德风范，实现创造性转换创新性发展，让中华文化展现出永久魅力和时代风采具有划时代意义。

《中国起源地文化志系列丛书》之《中国旗袍文化·沈阳卷》的编写系公益性的学术研究，是一批志同道合的旗袍文化爱好人员，对旗袍文化的起源、发展脉络、研究成果等进行相对系统的梳理，旨在对旗袍文化的相关研究、保护和创造性转化创新性发展提供一定的资料和建议参考。由于时间和参与人员的知识、能力有限，难免会出现一定的疏漏和谬误，敬请广大读者批评指正。本书参考了大量专家的学术成果，部分图片和文献来自网络，除了文中注明的参考文献和专家名字外，有的未能与作者取得联系，如有版权问题请及时与编者联系，再版时一并更正、一并感谢。

旗袍文化源远流长，中国旗袍文化的研究是旗袍文化传承与创新的重要实践，并将随着时代的发展历久弥新。未来，愿我们一道继续研究旗袍文化，传播发展旗袍文化，讲好中国故事、讲好旗袍文化故事。

刘德伟　李竞生

二〇二〇年十月于北京

起源地文化传播中心简介

起源地文化传播中心于2015年11月正式批准成立，以探寻中华起源，增强文化自信为宗旨，主要职责是组织中国起源地智库专家研究梳理各物质、非物质文化的起源，跟踪中国起源地文化动态，把握中国起源地文化发展理念、趋势、机制和特点，就中国起源地文化的发展，各区域内的物质和非物质领域等进行实地调研和发展策略研究，是起源地文化产业研究与发展的专业机构。

起源地文化传播中心紧紧围绕"探寻中华起源，增强文化自信"这一宗旨，主要以起源地文化与知识产权，起源地文化与品牌建设，起源地文化与守正创新，起源地文化与产业融合发展为核心，开展专项课题研究、研讨会、培训、论坛，文化创意产业规划策划，乡村振兴规划策划，品牌文化建设与推广，起源馆的规划与运营，知识产权体系规划策划，起源地信息数据标准化推广，大型活动策划与运营等文化产业相关业务。

中国起源地智库专家委员会

起源地文化传播中心汇集专家团队构建中国起源地专家智库，目前，中国起源地智库专家达到 170 余位，汇集了国务院发展研究中心、中国艺术研究院、中国文联、北京大学、清华大学、中国科学院、中国社科院、中国农科院、中国人民大学、中央财经大学、中国传媒大学、浙江大学、上海大学等高校、研究单位，涵盖经济、文化、社会科学、教育、民间文化等领域，开展了 30 余项重大课题研究工作。

国务院发展研究中心中国起源地文化研究课题组

起源地文化传播中心与国务院发展研究中心东方所于 2016 年 3 月共同成立中国起源地文化研究课题组。课题组组长分别由起源地文化传播中心主任、起源地城市规划设计院院长李竞生，国务院发展研究中心副研究员张晓欢担任。自成立以来，课题组秉承“唯实求真，守正出新”的核心价值，汇集融合国务院发展研究中心专家与中国起源地智库专家，通过运用国家政策导向研究起源地文化重大课题，赴浙江宁波、吉林四平、湖北襄阳、甘肃甘南等地进行实地田野调研并取得重要成果。

《中国起源地文化志系列丛书》编辑委员会

起源地文化传播中心与知识产权出版社于 2018 年 11 月共同成立《中国起源地文化志系列丛书》编辑委员会。根据《〈中国起源地文化志系列丛书〉编纂出版规范》已出版了《天妃文化在宁波》《中国旗袍文化》，今后将陆续出版《中国起源地名录》《中国葫芦文化》等。《中国起源地文化志系列丛书》被纳入中国民间文化遗产抢救工程。

起源地信息数据标准化技术委员会

2020 年 9 月，起源地文化传播中心与中国科学院自动化研究所共同成立了起源地信息数据标准化技术委员会。起源地信息数据标准化技术委员会主任由起源地文化传播中心主任、起源地城市规划设计院院长李竞生，中国科学院自动化研究所人工智能与数字医疗中心主任、物联网与智能感知实验室主任李学恩担任。起源地信息数据标准化技术工作的开展为进一步建立和完善起源地文化事业和文化产业信息数据标准体系，推动起源地文化与科技相融合，为起源地文化又好又快发展奠定坚实基础。

中国民协中国起源地文化研究中心

中国民协中国起源地文化研究中心是由中国民间文艺家协会于 2016 年 5 月批准成立的起源地文化研究机构。由中国民间文艺家协会、中国文联民间文艺艺术中心主管，接受中国文联、中宣部、文化和旅游部的业务指导。主要职责是梳理中华优秀传统文化脉络、记录各物质、非物质文化的起源，传承和发展中华优秀传统文化。中国民协中国起源地文化研究中心将继续保持与政府部门、研究机构和企业界的广泛联系和密切合作，用高水平的研究成果和咨询意见为政府和社会服务。

中国西促会起源地文化发展研究工作委员会

起源地文化传播中心与中国西部研究与发展促进会于2014年12月共同成立中国西促会起源地文化发展研究工作委员会，由全国政协副主席、中国西促会会长李蒙亲自授牌成立。主要职责是研究中国西部地区起源地文化事业及相关产业，促进我国东、中、西部融合发展，为国家“一带一路”倡议贡献力量。自成立以来，开展了“一带一路”探寻起源地文化万里行走进宁夏中宁、甘肃和文化扶贫、文化贸易等工作。

中国起源地网

中国起源地网（www.qiyuandi.cn）是由起源地文化传播中心主办的新媒体综合服务平台，涵盖了20余个频道和50余个主题，传播起源地文化声音，弘扬文化价值。目前，以中国起源地网为核心，申办了新华号、人民号、起源号、微信公众号、今日头条号、搜狐号、网易号、一点资讯号、百度号、企鹅号、凤凰号、抖音、快手等组成新媒体传播矩阵。中国起源地网立足于强有力的起源地文化传播优势，兼并自身传播的特色优势，以及新媒体的发展优势，完成了辐射受众群体和吸引大众关注视线的全方位人群覆盖，以服务心态赢得公众青睐！

中国起源地媒体联盟

中国起源地媒体联盟的主要职责是传播中华优秀传统文化，讲好中国起源地文化故事，让中华优秀文化走出去。截至目前，中国起源地媒体联盟由来自人民日报社、新华社、中央电视台、中国日报网、央广网、国际在线、中国网、光明网、中国台湾网、东方网、中国江西网、中国甘肃网、网易、腾讯网、新浪网、凤凰网等 241 位记者组成，共同传播起源地文化。完成全程跟踪报道中国起源地文化论坛、中国旗袍文化节、中国枸杞文化节、中国满族文化节等重大活动。发布了起源地文化原创稿件 10800 篇，转载了起源地文化新闻稿件 180000 余篇，阅读传播量累计达到 150 亿人次。

起源云——中国文旅科教云平台

起源云是新时代文化电商、知识付费创新型平台，是起源地文化传播中心旗下的中国文旅科教等行业的综合服务云平台，是起源地大数据库信息系统，是品牌、产品、文化、旅游、科技、教育等领域的源头数据库。提供源视频、源声音、源品牌、源文创、源产品、源作品、源思想、源课程、源直播、源资讯等内容，微信一键登陆。起源云为广大用户提供起源号服务功能，各企事业单位可以在起源云上开设自己的云平台。目前，已取得国家工信部颁发的增值电信业务经营许可证和艺术品经营单位许可证等相关许可证件。

起源地文化传播中心自成立以来，完成了一系列具有重要价值和重大影响的研究成果，为国家和地方政府提出了大量政策建议，为起源地文化发展做出了贡献。同时，起源地文化的广泛传播为讲好中国故事，让中国文化走出去，传承、发展中华优秀传统文化起着越来越重要的作用。